THÈSE AGRICOLE

SOUTENUE

A L'INSTITUT AGRICOLE DE BEAUVAIS

PAR

Léon PUIFORCAT

> « Souvenez-vous qu'il n'y a en Agriculture,
> « rien d'absolu et que tout est relatif. Vous pou-
> « vez faire autrement qu'un autre et faire bien. Il
> « n'y a que l'amélioration du sol qui soit une loi
> « commune à tous. »
>
> (JACQUES BUJAULT.)

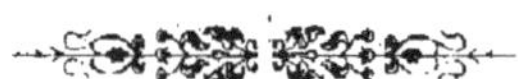

PARIS

L. LAROSE ET FORCEL

Libraires-Editeurs

22, RUE SOUFFLOT, 22

1886

THÈSE AGRICOLE

IMPRIMERIE
CONTANT·LAGUERRE
LVX VITAM
BAR·LE·DUC

THÈSE AGRICOLE

SOUTENUE

A L'INSTITUT AGRICOLE DE BEAUVAIS

PAR

Léon PUIFORCAT

« Souvenez-vous qu'il n'y a en Agriculture,
« rien d'absolu et que tout est relatif. Vous pou-
« vez faire autrement qu'un autre et faire bien. Il
« n'y a que l'amélioration du sol qui soit une loi
« commune à tous. »

(Jacques Bujault).

PARIS

L. LAROSE ET FORCEL

Libraires-Editeurs

22, RUE SOUFFLOT, 22

1886

A MA MÈRE

—

A MA FAMILLE. — A MES PROFESSEURS

A MES AMIS

QUESTIONS POSÉES.

Vous avez loué à *Rouvres,* dans le canton de Betz, arrondissement de Senlis, une exploitation de 120 hectares.

Les 2/3 des terres sont de bonne qualité ; terres franches profondes et fécondes. L'autre tiers comprend des terres fortes, quelques pièces de terres sablonneuses sur les coteaux.

La marne calcaire est à 3 mètres de profondeur environ.

Le prix de location est de 80 francs l'hectare.

Les bâtiments sont vieux, assez mal distribués, mais en bon état.

Les puits, les citernes, les mares sont les seules ressources pour avoir de l'eau.

La fosse à fumier est défectueuse. — Il n'y a pas de fosse à purin.

La route d'Antilly à Varinfroy traverse le village.

La station la plus proche est Crépy, situé à 25 kilomètres de Rouvres.

Une sucrerie importante est à 6 kilomètres.

La main-d'œuvre est chère ; elle se trouve généralement dans le village.

Vous disposez d'un capital de 63,000 francs.

Un bail de 3, 6, 9, aux conditions ordinaires vous lie avec le propriétaire tout disposé à contribuer aux améliorations foncières.

Quels résultats espérez-vous après une période de six ans?

Droit. — Quelle est l'économie de la loi de juillet 1884 sur le régime des sucres?

Quels sont les avantages de cette loi :

1° Pour les sucreries ?

2° Pour la culture?

Déduisez les conséquences pratiques

Zootechnie. — Quelle race de moutons adopterez-vous dans votre exploitation?

Quel produit en retirerez-vous ?

Quel bénéfice en obtiendrez-vous?

Horticulture. — Quel est le meilleur jardin de ferme :

1° Jardin mixte, potager-fruitier?

2° Utilisation des murs des bâtiments au point de vue de la meilleure fructification selon la hauteur des murs et leur orientation?

PRÉFACE.

Jeune parisien, ne connaissant de l'agriculture que ce que j'ai appris à l'école durant mon trop court séjour; il serait téméraire, je crois, d'établir un plan cultural sur les seules questions imposées par MM. les professeurs. Il m'a semblé plus rationnel et plus facile de prendre, comme type, une exploitation connue, dans la contrée et se rapportant aussi exactement que possible à mon sujet de thèse.

M. Gibert, de Rouvres (Oise), a bien voulu me laisser prendre son exploitation comme base de ce travail. Ainsi, j'ai pu recueillir sur les lieux mêmes, des notes fournies avec la plus grande cordialité par des personnes dont la compétence est indiscutable.

Dans ce travail de longue haleine, et bien au-dessus de mes forces, j'ai cru devoir tout d'abord donner une description sommaire de la contrée, au point de vue de sa situation économique, de la composition géologique du terrain, des diverses spéculations, etc.

J'ai ensuite décrit aussi exactement que possible une ferme de 120 hectares et tout ce qui s'y pratique. Puis comme applications de mes études à l'Institut agricole j'ai discuté le mode d'exploitation et les modifications que je crois devoir y apporter, suivant les conditions qui me sont faites. Enfin dans un chapitre particulier, consacré à la comptabilité, j'ai apprécié par des chiffres, pris à bonne source, les résultats financiers de l'entreprise.

Je dois remercier ici M. Gibert des excellents conseils qu'il m'a donnés, des précieux renseignements qu'il a bien voulu me communiquer.

Je remercie également son petit-fils, M. Albert Fournier, mon ami intime, des encouragements qu'il m'a prodigués, des documents précis qu'il m'a fournis.

Je demande à MM. les membres du jury toute leur indulgence ; j'espère qu'ils ne me la refuseront pas.

THÈSE AGRICOLE

GÉNÉRALITÉS

SUR LE CANTON DE BETZ

SERVANT D'INTRODUCTION

PRÉLIMINAIRES.

SITUATION. — Le village de Rouvres (*Rouvre, Reuvre, Rouras, Rouverix, Ruvres* en 1193, *Rouver, Rouvera, Rouveræ-in-Mulciano*) est situé par 4° 5′ 20″ de latitude Est et par 0° 40′ 14″ de longitude Est dans le canton de Betz, arrondissement de Senlis, et dans l'angle Sud-Est du parallélogramme que forme le département de l'Oise ; le pays compris dans cet angle se nomme Multien.

La ferme se trouve sur la limite méridionale du canton de Betz, entre les communes de *Rosoy* au Sud-Ouest, *Boullarre* au Nord-Ouest, *Neufchelle* au Nord-Est, *Varinfroy* au Sud-Est, *May* (Seine-et-Marne) au Sud.

Le territoire de la commune de Rouvres présente sa principale dimension du Nord au Sud. Il constitue un plateau raviné, inclinant au Nord vers la vallée de Grivette, à l'Est vers l'Ourcq, descendant au Sud jusqu'à la Gergogne qui forme une partie de la limite.

Le chef-lieu est dans la section moyenne, mais rapproché

de la limite orientale. Il comprend plusieurs rues, divergentes d'une voie principale. Des mares suppléent à l'absence d'eaux naturelles.

Rouvres était ou avait été un des domaines de la maison de Nanteuil.

Il fut compris dans le duché de Tresmes érigé en 1643, dont le chef-lieu était à Gesvres (Seine-et-Marne).

La cure, placée sous le vocable de saint Faron, était conférée par l'évêque de Meaux.

Il y avait en outre dans le village un prieuré sous l'invocation de sainte Catherine qui dépendait de l'abbaye de Saint-Faron. Les dames de la Visitation de Sainte-Marie de Meaux étaient obligées de faire acquitter, chaque année, cent messes fondées dans la chapelle de ce bénéfice. Il valait 3,000 livres.

Rouvres est maintenant une succursale qui comprend dans sa circonscription les anciennes paroisses de *Rosoy* et de *Varinfroy*.

Le portail de l'église, placé au bout de la nef au pied d'un gros clocher moderne construit en grès, est formé d'une arcade surbaissée, couronnée d'un fronton inscrivant un écu et portant des griffons : il y a des filets prismatiques et des pilastres à crochets.

La nef est de l'époque qui a succédé immédiatement au style en tiers-point; les baies ont encore l'aspect ogival, mais les têtes des divisions sont arrondies.

Les baies du chœur sont franchement ogives et tripartites.

Cet édifice est vaste et d'un bon ensemble; les voûtes sont ornées d'arcs prismatiques, de pendentifs et d'écussons, le tout d'un bon effet.

Les armoiries de la maison de Gesvres, propriétaire de la seigneurie, sont peintes sur plusieurs piliers.

Il y a un caveau sous le chœur.

Le moulin d'*Hanibray*, qui était un écart de *Rouvres*, en a été détaché par le cadastre, pour être réuni à la commune de *May* (Seine-et-Marne).

La route nationale de Fontainebleau à Soissons traverse la partie du territoire qui confine à la vallée de l'Ourcq.

Il n'y a pas de propriétés communales.

Le cimetière, clos de murs, est en dehors du village.

La population est exclusivement agricole.

CONTENANCE.

Terres labourables.	671 hect.	10 a.	35 c.
Jardins.	5	51	20
Bois.	68	38	95
Vergers et pépinières.	5	74	75
Oseraies	0	12	60
Friches.	27	47	10
Prés	18	86	45
Eaux.	0	81	0
Rues, chemins et places.	14	36	70
Propriétés bâties.	3	02	45
Total.	795 hect.	41 a.	55 c.

Distance de Betz.	0 myriam.	8 kil.	
Crépy.	0	—	25
Senlis.	3	—	9
Beauvais	8	—	7

Marchés : Crouy-sur-Ourcq.

Lizy-sur-Ourcq.

Meaux.

Bureau de poste : Betz.

Télégraphe : Crouy.

Population : 362 habitants.

Nombre de maisons : 85.

Revenus communaux : 487 francs.

HISTOIRE.

César, dans ses *Commentaires*, parle des difficultés qu'opposait à sa marche et du secours qu'offrait à ses ennemis ce pays boisé et habité par des tribus redoutables, les *Silvanectes*, qui occupaient tout l'arrondissement de Senlis.

Lorsque les Romains conquirent cette partie des Gaules, ils changèrent les noms des villes : Senlis devint *Augustomagus ;* mais comme partout, la plupart des anciens noms se maintinrent obstinément. Le Multien fut sillonné de quelques magnifiques voies romaines dont on trouve encore des traces aux environs de Betz, principalement à Bargny.

L'Évangile fut prêché, dans le Valois et le Multien, par saint Rieul. Appréciant les avantages de ce pays central, les rois de la première et de la seconde race se complurent à résider sous l'ombrage de ces hautes futaies (forêts de Compiègne, Villers-Cotterets, Retz), qui leur rappelaient les forêts des bords du Rhin et leur permettaient de se livrer à leur exercice favori, la chasse. Ils y construisirent de nombreuses fermes ou villas royales : Compiègne, Senlis, Verberie, Béthisy, Bargny (près Betz), Cuise, Quierzy, Trosly, Breuil, Choisy-au-Bac et Ver, sur la lisière actuelle de la forêt d'Ermenonville. C'est là qu'ils se reposaient de leurs expéditions, allant d'une ferme à l'autre à mesure que les provisions amassées s'épuisaient.

Les Carlovingiens, les Capétiens et les Bourbons se plurent aussi dans ce beau pays qui, à part quelques petites divisions, restait en paix. Louis XV, reprenant les traditions des anciens rois, remit en honneur les chasses dans les forêts du Soissonnais et du Valois et fit construire le palais actuel de Compiègne.

Lorsqu'en 1814 les armées alliées envahirent la France,

elles rencontrèrent une résistance énergique à Compiègne, à Crépy et dans tout le Multien. A Compiègne, les habitants dirigés par le major Othenin, tinrent en échec 18,000 Prussiens ; à Crépy, 800 soldats, aidés de la population, repoussèrent une autre division de 10,000 Prussiens. Ces résistances ne pouvaient se reproduire dans la funeste guerre de 1870-71, dont les conditions étaient toutes différentes ; ce pays ne possédant que des villes ouvertes, fut occupé facilement par l'armée allemande.

TOPOGRAPHIE PHYSIQUE.

Le canton de Betz est situé précisément à l'angle Sud-Est du département de l'Oise, et à l'extrémité orientale de l'arrondissement de Senlis, dont il fait partie. Il est compris entre la 4ᵉ minute 4 secondes et la 14ᵉ minute 4 secondes du 49ᵉ degré de latitude Nord, et la 30ᵉ minute 4 secondes et la 48ᵉ minute 11 secondes de longitude orientale de Paris.

Le périmètre est très irrégulier. La contenance totale du canton est de 21,505 hectares 60 ares 35 centiares. Il est limité, au Nord-Ouest, par le canton de Crépy-en-Valois ; à l'Ouest, par celui de Nanteuil-le-Haudoin ; au Sud et au Sud-Est, par le département de Seine-et-Marne ; à l'Est, par le département de l'Aisne, et au Nord par la forêt de Retz.

MÉTÉOROLOGIE.

Les oscillations habituelles du thermomètre ne dépassent pas moins 10 degrés à plus 12 degrés centigrades. On estime que, toute proportion gardée, le thermomètre est constamment inférieur à la température de Paris.

Les grands froids commencent ordinairement du 15 au 20 décembre, et ne se prolongent pas au delà du 1ᵉʳ février. La saison chaude dure avec constance du 15 ou du 25 juin au 15 août.

L'épaisseur de la glace varie depuis 8 jusqu'à 15 centimètres. La neige fond dès qu'elle est tombée ; cependant, dans les vallées ombragées, de même que sur les parties les plus argileuses des plateaux, elle persiste quelques jours, rarement plus de 8, et dans les grands hivers, 12 ou 15. Les gelées produisent parfois des dommages peu considérables.

La grêle est assez fréquente, à cause du voisinage de la forêt de Retz ; néanmoins elle n'est pas considérée comme un fléau habituel.

L'ensemble de la contrée est plutôt exposé à la sécheresse qu'à l'humidité, une grande partie des terres est, en effet, sablonneuse ou d'un limon léger.

Les vents du Nord et de l'Est déterminent une température sèche. L'Ouest ne peut souffler longtemps sans amener de la pluie. Les rumbs du Sud et du Sud-Est déterminent les orages.

EAUX.

Toutes les eaux du canton se réunissent à la rivière de l'Ourcq qui est un affluent secondaire du bassin de la Seine par l'intermédiaire de la Marne.

L'Ourcq, parcourt la section orientale du pays dans la direction générale du Nord-Nord-Est au Sud-Sud-Est, son cours est excessivement sinueux : il forme la limite du canton en longeant les prairies marécageuses de Mareuil, Neufchelle et Varinfroy.

La largeur moyenne peut être de 15 mètres, mais elle varie beaucoup. Cette rivière ne porte bateau qu'à partir de Mareuil ; elle coule sur un fond de sable (*glauconie grossière*) et de tourbe.

Affluents. — Le seul affluent de l'Ourcq sur la rive gauche est le rû d'Allent, Alland ou Halland, venant de Saint-Quentin (Aisne). C'est un fort ruisseau qui se dirige par un cours assez direct de l'Est à l'Ouest et se réunit à la rivière sur la limite des territoires de Marolles et de *Mareuil*.

Les affluents de la rive droite sont :

Le rù Nimer, le Ponseau ou rù d'Autheuil; la Grivette qui fournit les eaux du parc de Betz; la Gergogne ou Jargogne qui limite le territoire de Rouvres et de May (Seine-et-Marne).

Quelques fontaines augmentent, dans la traversée des territoires d'Acy et de Rosoy, le volume des eaux.

Indépendamment des cours d'eau constants, il y a dans l'étendue du pays quelques fontaines permanentes à Marolles, à Rouvres, à Neufchelle, Autheuil, etc.

Il y a trois sources dans le vallon de Brégy.

Le pays n'a pas d'étangs naturels; il n'y a que quelques bassins pratiqués principalement pour le service des usines.

Les seules ressources pour avoir de l'eau dans les fermes sont les puits et les mares.

CONFIGURATION DU SOL.

L'ensemble du canton constitue un plateau appuyé vers le Nord à la forêt de Retz, parsemé de quelques bosquets qui ne lui ôtent pas l'aspect d'un pays découvert, n'ayant pas d'abaissement de niveau dans la direction du Nord au Sud, mais suivant vers le Sud-Est le mouvement décroissant des ruisseaux qui se réunissent à la rivière de l'Ourcq.

Les hauteurs au-dessus du niveau de la mer, sont : à l'église de Villers-Saint-Genest, 125 mètres; — au Nord du village en allant vers le moulin de Fresnoy, 128 mètres; — à la limite du bois de Tronsay, 135 mètres; — au moulin à vent de Bouillancy, 128 mètres; — à Fosse-Martin, 126 mètres.

Le plateau de Boullarre et de Rouvres, sur lequel est situé la ferme que je vais décrire, s'étend au Sud de la Grivette jusqu'au vallon de la Gergogne. C'est une plaine peu accidentée, parsemée de bosquets et petits bois, dont le principal est celui de Montrolle, entre Acy et Betz. Il y a un ravin assez considérable qui descend de Boullarre vers Collinance, et deux autres au Midi de Chenevière. Les pentes de la vallée de l'Ourcq sont adoucies. Les hauteurs constatées dans l'étendue du plateau ont donné pour cotes : 141 mètres à la ferme de Saint-Ouen; — 142 mètres entre Boullarre et Rouvres; — 143 mètres à *Rouvres;* — 127 mètres à la descente de l'allée de Rouvres sur la route de Meaux; — 143 mètres au pied de l'Orme-plaideur, au Nord de Rosoy; — 139 mètres entre Acy-en-Multien et Étavigny.

La vallée de Gergogne est plus large que celle de Grivette, elle commence par plusieurs plis entre le bois de Tronçay, Bouillancy et le bois de Montrolle. Elle descend d'abord au Sud jusqu'à Réez, d'où elle tend assez directement vers l'Ourcq. Le bord méridional constitue une série de ravins et de caps alternatifs. Le côté gauche, moins tourmenté, a un embranchement principal nommé vallon d'Acy, qui remonte au Nord vers le bois de Montrolle, et un deuxième qui descend d'Étavigny à l'Ouest de Rosoy-en-Multien. L'église de Rosoy, sur la gauche du vallon, est cotée à 100 mètres; celle d'Acy à 84 mètres; ferme bas Acy à 75 mètres.

L'égalité presque constante d'altitude des plateaux empêche, à de courtes distances, de distinguer les vallées si la vue est dirigée dans le sens opposé à leur continuité. L'œil les franchit sans soupçonner leur présence, et le pays semble constituer une plaine continue, immense, monotone, mais avec l'apparence d'une riche culture. Le paysage est dépourvu de mouvement, orné seulement par des bosquets de petite étendue, des clochers, des meules de grains, etc. Les villages sont espacés plus que dans aucune autre partie du département, et ils sont plus rares, quoique le nombre des communes soit considérable, parce qu'il y a peu de hameaux; c'est l'un des caractères des contrées à grande culture, où les lieux habités se réduisent après les centres d'administration, à des fermes isolées éparses sur les plaines.

La vue est un peu plus étendue et plus gracieuse du plateau de Thury d'où l'on plonge au delà de la vallée de l'Ourcq, sur les cantons un peu accidentés de Neuilly-Saint-Front (Aisne) et de Lyzy-sur-Ourcq (Seine-et-Marne).

GÉOGNOSIE.

Les terrains du canton de Betz appartiennent tous aux étages tertiaires du bassin de Paris, et, pour la plus grande partie, aux couches moyennes. Les plateaux sont occupés par le calcaire d'eau douce moyen ou travertin, au-dessous duquel apparaissent les sables moyens avec leurs grès, qui sont à découvert sur toutes les pentes des vallées latérales. En avançant vers l'Ourcq, on rencontre les strates puissantes du calcaire grossier, qui forment les bordures inférieures de la vallée; au-dessous se montrent, dans les lieux les plus bas, les sables glauconieux. Ainsi on descend constamment l'échelle géologique en se dirigeant vers le Sud-Est.

Le calcaire grossier occupe toutes les pentes inférieures de la vallée de l'Ourcq, depuis la Ferté-Milon jusqu'au delà de Mareuil. Les bancs moyens supérieurs forment, au-dessous de Préciamont, un escarpement dont la position est nettement établie entre la glauconie grossière et les sables moyens.

Dans le village même de Marolles on voit effleurer les bancs supérieurs passant à l'état de marnes. Ils se divisent par plaquettes dures, feuilletées, grisâtres; au-dessous commence le calcaire à cérites.

La même roche, empâtant des moules de cérites, des pierres, se continue par Bourneville jusque sur les deux flancs du vallon dans lequel coule le rû d'Allend. Le bourg de Mareuil repose sur le calcaire grossier exploité soit comme pierre à chaux, soit comme roche d'appareil.

En continuant vers Neufchelle, le calcaire grossier horizontal forme, à fleur de terre, un plancher naturel jusqu'à la vallée de Grivette.

A la descente de Varinfroy, sur la route de Meaux, on voit de bas en haut un sable ferrugineux mêlé d'argile grossière et terreuse supportant une couche de sable quartzeux blanc, dépourvu de fossiles. Au-dessus de celui-ci est un lit de sable jaunâtre contenant de nombreuses coquilles, les unes roulées, les autres en état complet de conservation; c'est l'assise inférieure fossilifère des sables moyens, caractérisée par l'abondance des lenticulistes : le sable est aggluné par places, en un grès très grossier.

En continuant de monter, on traverse une bande de sable à grain fin, varié de gris et de brun noirâtre; elle est remarquable parce qu'on la retrouve dans tout le pays à la même hauteur, c'est-à-dire vers le milieu des sables moyens. On arrive ensuite aux grès qui couronnent cet étage; il n'y en a qu'un seul banc, interrompu par des brisures qui en ont détaché des blocs épars sur les pentes. Au-dessus commence immédiatement le terrain d'eau douce.

Le calcaire grossier affleure dans le ravin assez large de Bauval. Si de là on remonte vers *Rouvres,* on est immédiatement sur le sable et l'on traverse un lit ochracé avec lenticulites et autres fossiles ; — le sable grisâtre déjà signalé au-dessus de Varinfroy; — une bande de sable noirâtre avec grès; — le grès blanc divisé par blocs mamelonnés; celui-ci touche aux marnes vertes qui dépendent du calcaire lacustre.

Si l'on suit la route pour monter vers Neufchelle, on trouve aussitôt l'étage de sable sur lequel le village est bâti.

Le coteau qui sépare Neufchelle de Mareuil, après le vallon de Grivette, porte à la surface du calcaire grossier, des lambeaux de sable et des blocs épars de grès à écorce ferrugineuse, remarquables par leur extrême dureté.

Après Marcuil, et jusqu'aux approches de la Ferté-Milon, les sables moyens dessinent une bande étroite à la partie supérieure des collines. Ils sont plus développés à l'Ouest de cette ville, et en montant à Préciamont on voit, au-dessus du calcaire grossier, un massif sableux coloré par le fer, contenant plusieurs bancs horizontaux et interrompus de grès, au-dessous desquels existent par place des nids de fossiles de couleur fauve clair, remarquables par leur belle conformation, notamment : des *Cerithium tricarinatum, Corbula gallica, Ancillaria inflata, Pyrula lævigata, Trochus cumulans*, etc.

En parcourant de bas en haut les vallées latérales de l'Ourcq, on retrouve les mêmes couches dans un ordre identique.

Le village d'Autheuil est sur un massif de sable jaune couronné par un grès friable à grain grossier. En montant vers Le Plessis, on traverse un autre massif de sable fin et blanchâtre, passant vers le haut à la couleur d'un roux noirâtre; un lit de marne argileuse verte le recouvre immédiatement.

Le sable moyen continue sur la lisière du bois de Walligny, et en montant jusqu'à Boursonne on trouve le grès en place, formant des bancs horizontaux à l'entrée du village. Le sable occupe aussi tout l'emplacement et les alentours d'Ivors.

Si l'on remonte la Grivette à partir de Houillon on voit les sables glauconieux disparaître promptement sous le calcaire grossier qui borde les deux flancs de la vallée.

Si l'on prend à droite dans le vallon de la Clergie, on peut constater que les marnes du calcaire grossier affleurent à la base sous des éboulements de sable; elles sont immédiatement recouvertes par un lit de sable graveleux, d'un roux verdâtre, contenant des fossiles roulés avec des

lenticulines, et représentant la zone fossilifère inférieure
de l'étage moyen.

En s'élevant sur la route de l'Ourcq, au lieudit le Mont-
du-Chêne, des escarpements laissent à découvert presque
tout le massif sableux. Il présente une puissance de 15 à
20 mètres, étant varié de diverses nuances ; blanc avec des
tons ochracés vers le bas, il devient ensuite blanc et pur,
puis noirâtre. Il y a vers le milieu de l'escarpement un
banc de grès compacte, sonore, mamelonné, à cassure la-
melleuse. Au-dessus, la masse est divisée par zones rousses,
blanches, brunes et rousses encore. Elle devient enfin très
blanche, mélangée de calcaire très coquillier, passant à
une argile et à une marne argileuse verte dans laquelle
les fossiles abondent. Les coquilles s'agglomèrent en plaquettes dures. Au-dessus vient immédiatement le terrain
d'eau douce.

Le sable continue d'être à jour dans toute la ravine en
passant par Cuvergnon, Ormoy-le-Davien et la forêt de Retz
sur la lisière de laquelle il règne jusqu'à Gondreville. Dans
ce trajet, le niveau géognostique s'élève jusqu'auprès de
Villers-les-Potées, pour redescendre ensuite, de sorte qu'aux
deux extrémités, les sables ferrugineux inférieurs sont à
jour, tandis que vers le milieu, ce sont les sables blancs
et les grès : ceux-ci sont remarquables par leur dureté,
leur cassure cristalline et leur couleur grisâtre uniforme ;
le sable est zoné de blanc et de jaune ochracé ; le banc
coquillier supérieur affleure près de Cuvergnon.

Le bourg de Betz est assis sur les sables inférieurs pré-
sentant de perpétuelles variations de couleur, depuis le
blanc presque pur jusqu'au roux ferrugineux. En montant
vers le Sud par la route de Meaux, on atteint les grès de
la partie supérieure, pétris la plupart de moules de fossiles ; certains blocs paraissent feuilletés. Il y a de ces grès
sur toutes les pentes autour du village. Les fossiles de la
zone inférieure sont en affleurement dans le fond de Ma-

rolle, dans le parc, au buisson du Chenois et sur nombre d'autres points.

Les sables inférieurs se continuent dans Macquelines et au delà, pour rejoindre les friches des Gombies au Sud-Ouest de Lévignen.

Le calcaire grossier occupe l'entrée de la vallée de Gergogne comme celle de la vallée de Grivette.

En venant d'Hanibray (Seine-et-Marne), vers Rosoy, les roches sont un peu coquillières et de couleur brun clair. Quoique appartenant aux bancs supérieurs, elles ne sont pas éloignées des sables glauconieux qu'on rencontre en pénétrant à une faible distance au-dessous.

Le calcaire est stratifié à l'entrée du vallon de *Rouvres*, il comprend cinq bancs distincts; le supérieur immédiatement sous les marnes, est pétri de cérites et se délite par plaquettes qui jonchent le vallon de leurs débris; le deuxième est encore coquillier, mais pas fossile; l'intermédiaire, puissant d'un demi-mètre, donne une roche tendre blanchâtre, représentant bien le système moyen de l'étage; les deux derniers, plus sableux, sont pétris de dentales et avoisinent la glauconie.

En coupant le petit ravin qui descend de l'Orme-plaideur, on traverse des marnes compactes et ressemblant au calcaire siliceux de la Brie, le calcaire à cérites proprement dit, et le calcaire à fossiles, à tissu granuleux, se divisant en plaquettes. Ce sont les derniers bancs de la formation; aussi rencontre-t-on peu après les sables moyens qu'on ne quitte plus.

Le village de Rosoy-en-Multien est sur le sable ainsi que le bourg d'Acy.

Les sables moyens sont en contact immédiatement avec le terrain d'eau douce ou travertin moyen, qui constitue les plateaux et qui contribue, par son horizontalité, à l'aspect général du pays. Considéré dans son ensemble, le canton de Betz est une vaste surface de calcaire lacustre, aux dépens de laquelle ont été creusées par érosions les vallées qui en divisent l'étendue. On a vu que tous les plans inclinés de ces vallons sont occupés par les sables; à proximité des crêtes on voit partout, sans exception, le calcaire d'eau douce recouvrir les dernières assises de grès qui couronnent l'étage sableux moyen.

Ce travertin moyen est l'étage du calca-siliceux de la Brie; mais la distribution de ses éléments constitutifs est modifiée dans le canton de Betz de même que dans le reste du Multien. L'élément siliceux, au lieu d'être comme fondu dans le massif calcaire, s'est réuni sous la forme de gros silex irréguliers, plus ou moins tuberculeux, noirs ordinairement, ayant la plus grande ressemblance avec les silex pyromaques de la craie blanche; ils affectent assez volontiers une forme tabulaire irrégulière. Ils sont disséminés sans ordre apparent dans le calcaire, plus nombreux néanmoins vers le haut; l'exposition à l'air détruit presque toujours leur coloration noirâtre et ils deviennent alors bruns, fauves, gris et même blancs. Ils paraissent composés de couches concentriques, en sorte que leur cassure présente un aspect rubanné.

Le calcaire qui sert de gangue a presque toujours l'aspect d'une marne grasse, très blanche, sans stratification distincte elle présente cependant, comme les silex, des variations de texture, de densité, de coloration.

Le travertin est recouvert d'un limon argileux qui paraît en être inséparable, car il existe dans toute l'étendue du Multien, et en dehors sur les points où le calcaire lacustre a laissé des lambeaux. Ce limon est composé de sable et d'argile mélangés dans des proportions très variables, mais où l'argile domine de beaucoup; il est relié insensiblement à la terre superficielle végétale. Il ne comprend aucun débris quelconque d'autre roche. Le calcaire lacustre moyen couvre les hauteurs de Marolles jusqu'aux approches de Préciamont, la plaine d'Autheuil jusqu'à Billemont.

Le limon superficiel a une grande épaisseur entre Billemont et Boursonne ; il est gras et paraît propre à la fabrication des briques.

La plaine de Boullarre est entièrement recouverte d'un
limon fin, homogène, ce qui provient de son horizontalité
et de sa continuité presqu'entière. Les escarpements qui
existent seulement sur les bords, montrent le petit lit d'argile
verte interposé entre les marnes et les sables, dont il a été
question plus haut. On peut le voir notamment à la descente
de *Rouvres*, vers Gesores, au faîte de la Cornue près de
Rosoy, en arrivant au bourg d'Acy par le chemin d'Etavigny.

Le limon superficiel est l'élément principal employé dans
les tuileries d'Acy.

Le bois de Montrolle, entre Acy et Betz, est tout entier
sur le calcaire d'eau douce ainsi que le village de Lévignon.

Le plafond de la vallée de l'Ourcq est tourbeux dans toute
l'étendue du canton — le terrain tourbeux existe dans la
partie inférieure du vallon d'Autheuil, il n'est exploité qu'à
Mareuil. La tourbe de l'Ourcq, semblable à celle de Picardie,
est assise sur les sables glauconieux, mélangés d'argile, et
aux approches de Varinfroy sur les argiles des lignites. La
moitié supérieure est chanvreuse et brune, l'autre donne
un combustible noirâtre et compacte.

GÉOLOGIE AGRICOLE.

TERRAIN SUPERFICIEL. — Le limon argileux, qui recouvre
l'étage du calcaire lacustre, est composé principalement de
sable et d'argile mélangés dans des proportions très variables,
mais où l'argile domine de beaucoup. La terre végétale très
profonde se lie insensiblement à une couche glaiseuse, te-
nace, feuilletée, qui retient les eaux et contribue ainsi à

l'extrême fertilité d'un sol sur lequel les sources et les fontaines sont pour ainsi dire inconnues. L'opinion locale admet comme certain que les parties les plus profondes de cette glaise, ramenées au jour par les défoncements, deviennent aussi productives que l'humus ordinaire. Le limon inférieur est d'ailleurs beaucoup plus fin et sans mélange, excepté vers les points de contact avec le calcaire lacustre dont il contient quelquefois des silex ou des rognons.

La profondeur de la couche limoneuse est variable et dépend surtout des inégalités de la roche qui lui sert de base; elle est plus grande vers le centre des plaines que sur les bords et vers le Sud du canton que du côté opposé. Elle ne montre à la surface aucun caillou ou débris de terrain transporté; les silex qu'on peut y rencontrer proviennent de l'opération du marnage, indispensable dans des terres aussi grasses.

Le limon qui couvre le plateau de Thury a 8 à 9 mètres d'épaisseur; il s'avance jusqu'à la forêt de Retz vers Boursonne, Billemont, la Queue-d'Ham, etc., devenant plus argileux et presque rougeâtre aux approches des bois. On y trouve épars des silex onyx de couleurs variées, provenant de l'argile à meulière sur laquelle il appuie.

La coloration est fauve dans l'étendue de la plaine de Sévignen et de Bargny : il ne contient aucun silex, aucun débris.

Sur le plateau de *Rouvres*, de Boullare, etc., renommé pour sa fertilité, le limon superficiel est fin, constituant ce que nous, cultivateurs, appelons des terres douces.

Près d'Acy-en-Multien, il acquiert la consistance de l'argile plastique et sert à la fabrication des tuiles.

La couche superficielle, sur le grand plateau de Nanteuil, contient vers le Nord un peu plus de sable, notamment aux approches de Villers-Saint-Genest, Boissy, Frenoy, etc., elle est aussi moins épaisse; le calcaire avoisinant le sol, les terres sont moins fertiles, et par le même motif les extractions de marne qui exigent des excavations moins profondes y sont plus nombreuses.

A Montagny-Sainte-Félicité le limon n'a pas plus de 60 centimètres, mais il devient bientôt plus épais en allant au Sud. Les terres rougeâtres, argileuses et meubles en même temps, du Plessis-Belleville, de Chevreville, Lagny-le-Sec, Ève, Brégy, Fosse-Martin, dans lesquelles il serait impossible de rencontrer un caillou, sont considérées, à juste titre, comme les plus fertiles du département.

Le plateau sableux de la butte de Chàvres recèle, près de la superficie, une couche de marne très argileuse verdâtre, variée de blanc qui, mélangée avec l'argile du Cuvret, est excellente pour la confection des tuiles, seule industrie exercée dans le pays.

On rencontre à la superficie des plateaux de *Rouvres*, de Lévignon, de Thury-en-Valois, des blocs assez rares de meulière grisâtre marbrée de rouge, compacte, coquillière, des rognons de fer et des silex noirs qui proviennent de l'étage lacustre supérieur; on en voit surtout vers Gondreville, Bargny, et au faîte de la Cornue, près de Rosoy.

DILUVIUM DES PLAINES. — L'alluvion ancienne des plaines constituée par le calcaire d'eau douce moyen, dans le Multien, forme un limon fin, homogène, assez constant dans son étendue, ayant jusqu'à dix mètres de puissance. On y voit par place et notamment près d'Ognes et de Nanteille, des amas un peu plus argileux, employés à la confection des briques, dont l'origine paléothérienne est révélée par la présence de silex et autres roches détachées des marnes gypseuses. Les terres arables de cette région, surtout celles du centre des plateaux, vers *Rouvres*, Boullarres, le Plessy-Belleville, Chevreville, etc., sont réputées les meilleures du département.

Le terrain superficiel paraît atteindre le maximum de son développement dans les plaines qui touchent à la forêt de Retz.

les terres argileuses rougeâtres de ces contrées présentent,
dans un massif de huit à dix mètres, cinq sortes de couches,
en y comprenant la terre arable dont l'épaisseur moyenne
peut être évaluée à $0^m,30$ cent. Le premier lit, au-dessous
du sol cultivé, est une argile jaunâtre, douce et onctueuse,
passant par nuance à l'humus. Le deuxième consiste en une
argile rouge et brune, plastique, compacte, propre à la
fabrication des tuiles, briques et poteries grossières; elle a
jusqu'à deux mètres et demi d'épaisseur. Au-dessous est
un lit ferrugineux empâtant de gros silex provenant du calcaire lacustre moyen; sa puissance égale celle de l'argile à
briques. Le dernier lit est d'un brun noir, compacte, éprouvant de forts retraits par la sécheresse, passant par le bas
aux argiles rouges des meulières moyennes qui lui servent
d'appui.

RÈGNE VÉGÉTAL.

La végétation forestière qui, dans les premiers temps,
occupait exclusivement la surface du pays, en a été exclue
par les progrès incessants de la civilisation. Les bosquets encore épars dans l'étendue, restes des anciennes forêts, ne
forment pas ensemble la septième partie de la contenance
générale. Les bois ont été maintenus de préférence sur les
pentes sableuses des vallées et sur la lisière de la forêt de
Retz.

Le bouleau, le chêne, le charme, le châtaignier, sont les
principales essences du peuplement, et après eux le hêtre,
l'orme, le coudrier, les boursaudes, les saules, les ormes,
etc. Les essences vertes, devenues assez nombreuses dans
certains points, sont dues à la culture.

Il n'y a plus de futaie proprement dite, ni même d'arbres
isolés très vieux.

La végétation herbacée naturelle a été fort réduite aussi,

parce que l'industrie humaine a soumis aux lois de la culture presque tous les terrains susceptibles de productions. Le sol argileux des plateaux était peu propre, d'ailleurs, à la multiplication d'espèces variées.

Les espèces sauvages appartiennent presque toutes aux pentes des vallées dont le sol sableux et la disposition inclinée conviennent à un grand nombre de végétaux. La vallée de l'Ourcq, humide et tourbeuse, fournit aussi un contingent spécial.

La culture des céréales, immense dans le canton, a dû introduire et a introduit, en effet, des plantes étrangères dont les graines étaient mêlées aux semences de blé qu'on renouvelle au loin de temps à autre. Plusieurs de ces espèces se sont perpétuées sous l'influence d'un climat convenable et sont presque devenues indigènes.

La flore du canton de Betz présente néanmoins un assez grand nombre de plantes qui appartiennent toutes à la zone de la végétation parisienne.

RÈGNE ANIMAL.

Les grands mammifères ont été expulsés du pays par le défrichement des bois. On n'y voit que très rarement et comme par hasard des *cerfs, daims, chevreuils, sangliers,* échappés de la forêt de Retz.

Le *loup* qui, jusqu'au xvi° siècle, était la terreur de la Brie, à cause des dommages qu'il causait en se réunissant par bandes, a totalement disparu du canton qui est trop découvert et trop bien gardé maintenant pour qu'il soit possible à un animal aussi méfiant d'y résider et d'y multiplier.

Le *renard* et le *blaireau* habitent les bois sablonneux. L'*écureuil*, le *hérisson*, le *putois*, et d'autres petits carnassiers, sont disséminés dans les différentes communes, et toujours, par préférence, dans le voisinage des bois.

La *taupe*, le *rat des champs*, et d'autres petites espèces, multiplient ici comme dans le reste du département.

La *loutre* habite la vallée de l'Ourcq et semble préférer celle de Grivette dont la rivière est très poissonneuse.

Il n'y a dans le canton aucun reptile venimeux.

Le *lézard vert*, l'*orvet* ne sont pas rares dans les bois, ni la *couleuvre à collier* dans les parties humides des vallées.

Les classes des oiseaux et des poissons n'offrent rien de spécial ou d'extraordinaire.

Il y a dans le bois de Tillet une sorte de *hanneton* remarquable par la coloration foncée des élytres, que des marchands ambulants recueillent pour les vendre à Paris.

POPULATION. — Le canton de Betz compte 9,040 habitants répartis dans 25 communes, celle de *Rouvres* comprend 330 habitants.

Le canton comprenant 21,505 hectares, en moyenne cela fait environ 2 hectares 38 par habitant.

La population moyenne par commune est de 361 individus.

MŒURS, INSTRUCTION. — La population du canton de Betz peut être considérée comme divisée en 2 classes, dont l'une possède la plus grande partie du territoire, et dont l'autre, beaucoup plus nombreuse, vit des travaux que lui procure l'exploitation des terres tenues en grande culture. Quoiqu'il n'y ait pas de manufacture dans l'étendue du pays, la classe inférieure suffit à peine aux opérations, en sorte qu'il n'y a pas ou presque pas de bras inoccupés, la mendicité permanente est inconnue, et que le vagabondage n'est exercé que par des individus étrangers, favorisés dans leur industrie par la situation du canton sur des limites de circonscriptions administratives. L'influence heureuse de la grande propriété est sensible dans les habitudes du pays. Partout règne l'esprit d'ordre, l'amour de la patrie et de la paix, le respect des lois; la pensée dominante est celle d'acquérir, au moyen d'un travail persévérant, une amélioration quelconque de position ou une parcelle de terre. Le canton de Betz est l'un de ceux où il se commet le moindre nombre de délits, et les répressions de la justice y atteignent plus d'étrangers que d'indigènes.

Les propriétaires cultivateurs et les fermiers ont acquis depuis longtemps une instruction appropriée à leur position; les connaissances agronomiques rationnelles sont assez répandues. On tient partout à l'exercice du culte, à la conservation des édifices religieux; on y voit un gage d'existence communale indépendante.

ROUTES ET CHEMINS. — Deux routes nationales, deux routes départementales, quatre chemins de grande communication et 162 chemins vicinaux, parcourent l'étendue du canton de Betz.

La route nationale n° 2, de Paris à Maubeuge, traverse dans la direction générale du Sud-Ouest au Nord-Est, le saillant formé vers le Nord du canton par les territoires de Lévignen et de Gondreville.

La route nationale n° 36, de Melun à Soissons, parcourt la vallée de l'Ourcq dans toute l'étendue du canton. Elle se dirige vers le Nord, en faisant plusieurs sinuosités pour éviter les pentes trop raides. Elle forme la limite entre les cantons de May et de Rouvres.

La route départementale n° 17, de Compiègne à Meaux, passe à Sévignen, Betz, Acy, Rosoy.

La route départementale n° 18, de Senlis au canal de l'Ourcq, passe à Betz, Antilly, Thury, Mareuil.

Le chemin vicinal de grande communication d'Acy-en-Multien à Dammartin;

Le chemin d'Antilly à Varinfroy passe à *Rouvres*.

Le chemin de Nanteuil-le-Haudoin à Acy.

Le chemin de Colombs à May.

NAVIGATION. — La rivière de l'Ourcq qui, dans la traversée du canton ne constituait guère qu'un gros ruisseau d'un cours sinueux, a été rendue navigable au moyen de travaux qui datent du dix-septième siècle (16 avril 1632, Louis de Foligny).

Le canal de dérivation destiné à approvisionner Paris donna lieu à de nombreuses discussions et à beaucoup d'essais tentés sur divers points, depuis l'année 1676 jusqu'à la révolution de 1789. Rien n'était encore arrêté lorsqu'une loi du 29 floréal an X en ordonna l'exécution.

La direction de cette grande entreprise fut confiée à M. Gérard, ingénieur en chef des ponts et chaussées.

Les travaux commencèrent dans le canton de Betz en 1820.

La prise d'eau est au bief supérieur du moulin de Mareuil, c'est-à-dire à 10 mètres 14 cent. d'élévation au-dessus du repère de la barrière de Pantin (Seine). Le canal est à droite de la rivière ; il suit assez régulièrement la direction de la vallée. C'est un débouché commode et économique pour les contrées environnantes.

AGRICULTURE.

NATURE DU SOL. — Les terres des plateaux, occupées surtout par la grande culture, empruntent leur élément principal au limon argileux qui recouvrent le calcaire d'eau douce. L'humus provenant des débris de la végétation et des engrais le rend fertile à une plus ou moins grande profondeur suivant le travail qui lui est appliqué. Les meilleurs sols appartiennent aux surfaces horizontales ou à peu près, vers le centre des plaines ; le limon est alors mêlé de parties calcaires et d'une addition de sable qui le divise et en fait une terre douce, homogène, friable, retenant une partie des eaux pluviales, et laisse facilement écouler l'autre.

La couche meuble superficielle disparaît dans les moindres inflexions du terrain, et alors le limon qui n'est plus mêlé de sable prend une consistance compacte, une coloration rougeâtre ou brune; il contient des silex, des fragments de meulières; il est sujet à la stagnation des eaux; cependant cette nature de sol est encore très fertile, mais elle exigerait des façons plus nombreuses, si elle était isolée des blancs limons.

Les terrains en pente, et ceux des plis de terrain par lesquels commencent les vallons ou les ravins, sont sablonneux, les sables moyens à la superficie sans aucune interposition de couche diluvienne. Les sols calcaires existent seulement sur les points où l'étage du calcaire grossier affleure comme à l'entrée de la vallée de Gergogne, autour de Mareuil, au-dessus de Marolles, etc.

Ce sont les terrains les moins productifs; ils passent peu à peu à l'état de friche sèche, parce que les eaux atmosphériques entraînent la couche meuble superficielle que la végétation spontanée y forme par ses détritus. Cette nature du sol est en quelque sorte exceptionnelle dans le canton. Les terrains sablonneux y sont plus fréquents, notamment vers l'Ouest et le Nord-Ouest, où ils ont été longtemps couverts de bois, dont les bosquets épars dans l'étendue de la contrée sont les derniers restes.

La profondeur de l'humus paraît être, en terme moyen, de 30 centimètres; mais elle présente de très grandes variations, selon les lieux.

MODE DE CULTURE. — La disposition générale du pays en vastes plateaux et la nécessité d'employer des équipages pour façonner de grandes plaines argileuses, expliquent pourquoi le canton de Betz a continué, plus que beaucoup d'autres, d'être tenu en grande culture. Les terres de la vallée de l'Ourcq sont les seules qui soient très divisées.

ASSOLEMENTS. — L'assolement triennal, quoique stipulé dans les baux, n'est respecté dans aucune commune. Les cultivateurs règlent la succession des récoltes selon la nature des terres, la production des années précédentes, les exigences locales ou générales. A Thury, la rotation agricole est de 5 ou de 7 années; sur d'autres points, l'amélioration s'est bornée à réduire l'étendue de la sole de jachères.

LABOURS. — Les terres compactes des plateaux et des vallées exigent des travaux nombreux et pénibles ; ainsi, pour n'en donner qu'un exemple, celles destinées à la production du blé reçoivent trois ou quatre façons : on donne un premier labour léger (*découynage*) avant l'hiver, un labour profond (*retaillage*) en mai ou juin, un moyen labour avant la moisson pour détruire les herbes, et un quatrième au mois de septembre ou d'octobre avant de semer. Les terres de qualité secondaire ne reçoivent que trois façons, mais on y pratique un ou deux hersages nécessaires sur les sols trop compactes.

Une seule façon suffit pour l'avoine de printemps.

On emploie dans le pays la charrue picarde, surnommée de France, dans tout le Valois; les brabants doubles commencent à se répandre. On emploie aussi la grande charrue dite de Brie pour défricher les luzernières.

On fait aussi grand usage des herses tricycles.

ENGRAIS, AMENDEMENTS. — On ne connaît pas encore dans le Multien les méthodes rationnelles pour le bon traitement des fumiers; cette matière fertilisante par excellence est jetée pêle-mêle dans une excavation du sol où elle ne reçoit aucun soin; le purin si précieux s'infiltre dans la terre sans aucun profit pour la culture.

Les cultivateurs engraissent environ un tiers de leurs terres chaque année au moyen de détritus et de paille séchés au soleil, qu'ils appellent fumier, à raison de 25,000 kilogr. par hectare.

Le parcage des nombreux moutons que l'on trouve dans chaque ferme rend de très grands services à la culture en suppléant au mauvais état du fumier de ferme. On estime que la présence de 400 bêtes pendant 15 jours est nécessaire pour l'engrais complet d'un hectare. Le parcage a lieu du mois de mai au mois d'octobre.

Les terres des plateaux sont marnées tous les quinze ou vingt ans, au moyen des calcaires d'eau douce qu'on répand à raison de 4 à 600 hectolitres par hectare selon la consistance du sol.

Le calcaire lacustre extrait dans les couches intermédiaires où cette substance est grasse et sans mélange de cailloux, est préféré de beaucoup aux marnes du calcaire grossier dont on fait d'ailleurs peu d'usage. L'emploi de ces amendements doit être fait avec circonspection, c'est-à-dire avec une connaissance exacte de la quantité réclamée par l'état du sol, ou bien l'on s'expose, après avoir obtenu une abondante récolte, à une sorte de stérilité de la terre pendant plusieurs années.

L'usage du *plâtre* comme amendement s'est développé avec la culture des fourrages artificiels. Il n'est point de luzernière ou de champ de trèfle sur lequel on n'en fasse usage; on en répand même avec succès sur les prairies naturelles. La proportion varie selon les lieux; elle est en général moins forte dans les terres de première qualité, et plus considérable sur les sols moyens. La moyenne est de 15 à 20 hectolitres.

On emploie les cendres de *tourbe* sur les prairies de la vallée de l'Ourcq, notamment auprès de Marolles et de Mareuil; elles ne sont pas usitées dans les autres communes éloignées de la matière première, et, à transport égal, on leur préfère le plâtre qui est plus actif et qui arrive à peu de frais dans le pays depuis l'établissement du canal.

Les cendres sont mises dans la proportion de 15 hectolitres par hectare.

La *poudrette* n'est guère employée que dans les communes de la vallée de Grivette ; on met cet engrais dans la proportion de 12 à 18 hectolitres par hectare.

La *colombine* et la *poulnée* sont au contraire très recherchées et on ne laisse perdre aucune partie de ces précieuses substances. On estime que la préparation d'un hectare exigerait de 15 à 20 hectolitres de colombine et de 25 à 30 hectolitres de poulnée ; mais l'emploi en est fort restreint et presque exceptionnel à raison de la petite quantité dont on dispose.

On ne se sert pas d'engrais chimiques.

SEMAILLES, MOISSONS. — L'époque des semailles est courant d'octobre pour le blé, le mois de mars pour les avoines et grains ronds, celui de mai pour les fourrages artificiels. Ces époques sont un peu devancées dans les communes de la vallée de l'Ourcq.

Les termes de la floraison sont les mêmes que sous le climat de Paris.

Les plantes nuisibles aux récoltes sont, en première ligne : le *chiendent* (*Triticum repens*), et le *chardon* (*Cirsum arvense*), dont la présence est, dit-on, l'indice d'un sol pierreux ; ensuite la *trainasse* (*Polygonum aviculare*), le *coquelicot* (*Papaver Rhœas*), le *panais sauvage* (*Pastinaca sylvestris*), le *liseret* (*Convolvulus arvensis*), la *nielle* (*Agrostemma githago*), le *séné bâtard* ou *raveluche* (*Sinapsis*), très communs dans les avoines des sols inférieurs.

Le hersage est le seul procédé employé contre l'excès de ces productions, et il est vrai de dire que les cultures du canton, comparées à celles de quelques lieux voisins, sont remarquables par leur propreté. On y pratique d'ailleurs l'arrachage à la main des plus grosses herbes.

La nielle et le blé noir sont très rares, grâce aux soins apportés dans le choix des grains de semence. La nielle appa raît de préférence dans les champs contigus à la vallée de l'Ourcq. La carie se développe par place. L'ergot est presque inconnu.

CHAULAGE. — L'usage du chaulage est pratiqué partout au moyen de l'arrosement, mais avec des proportions différentes selon les lieux. Dans la vallée de l'Ourcq on emploie un litre de chaux pour un hectolitre et demi de blé, et l'on substitue assez souvent l'eau de fumier ou roussie à l'eau naturelle. Le mélange, sur le plateau de Boullare, comprend 2 litres de chaux et 30 litres d'eau pour 4 hectolitres de semence. A *Thury, Préciamont, Autheuil, Cuvergnon*, etc., la quantité est de 2 litres 1/2 de chaux pour un setier qui représente 1 hectolitre 63. Cette mixtion est jetée sur la semence réunie en tas, qu'on remue à la pelle en tous sens. On conserve le tas ainsi imprégné avant de procéder à l'ensemencement.

Les animaux les plus redoutés sont le mulot ou rat des champs, le ver blanc ou larve du hanneton, la taupe; dans certaines années les limaçons qui pullulent dans les fonds trop humides. On ne prévient que très imparfaitement les dommages quelquefois énormes causés par les souris. Quant aux taupes, on rencontre ici, comme dans tout le Valois, des taupiers qui parcourent le pays pour prendre ces animaux. Certains cultivateurs accordent des primes pour la destruction des hannetons. Toutes ces précautions donnent de médiocres résultats.

Les récoltes diverses sont faites aux époques ordinaires de la campagne de Paris.

Les salaires des moissonneurs sont payés en argent et à l'hectare à raison de 22 à 25 francs pour le blé, 10 à 12 pour l'avoine, 8 pour les fourrages.

Il n'y a point de règle générale pour la moisson, chacun y procédant selon ses appréciations.

BLÉS. — On cultive généralement le blé dit du *Valois* ou blé *de Crépy*, qui est jaunâtre, imberbe et à grain ovoïde;

mais on trouve facilement les variétés connues sous les noms de blé *de Saumur*, blé *Suisse*, blé *Anglais* rouge et blanc. Les blés barbus sont rares; on en remarque parfois sur les bordures des chemins.

On sème de 2 à 3 hectolitres par hectare.

Le rendement varie de 8 à 10 pour un.

Le poids moyen de l'hectolitre est de 76 kilos.

MÉTEIL. — Le méteil, mélange de 2 parties de blé contre une de seigle, est presqu'inconnu : on ne l'emploie que sur les sols un peu sablonneux. Sa rareté est un indice de la bonté des terres et de la richesse de l'agriculture.

SEIGLE. — Le seigle est cultivé sur les sols qui reposent sur les sables glauconieux du calcaire grossier. On ne cultive que la variété dite *Seigle d'automne*. On met 2 hectolitres par hectare, et le rendement est de 7 à 9 pour un poids moyen de 70 kilog.

ORGE. — L'orge est peu cultivé; on rencontre par-ci par-là *l'orge ordinaire* ou *pamelle* et *l'escourgeon*.

Cette céréale est semée dans la proportion de 1 hectolitre 60 litres par hectare; — poids moyen 66 kgs. — Rendement 10 à 12 pour un.

AVOINE. — L'avoine est presque aussi cultivée que le blé; on emploie surtout *la commune* noire et blanche, l'avoine *à grappes*, celle de *Champagne*, et de *Brie* remarquable par le poids de ses grains et leur qualité.

La quantité moyenne de semence est de 2 hectolitres par hectare; la reproduction 12 à 15 pour 1.

BETTERAVE. — La culture de la betterave à sucre a pris une certaine extension par suite de l'établissement d'une sucrerie au centre du canton et va peut-être changer les conditions économiques de la culture des environs.

POMME DE TERRE. — La production de la pomme de terre n'a jamais excité l'intérêt des cultivateurs, dont l'attention a été constamment dirigée vers l'extension des céréales et des prairies artificielles.

On lui affecte les sols sablonneux parce qu'ils sont moins propres à la végétation des céréales.

LÉGUMES. — La culture légumière n'offre aucun intérêt dans le canton de Betz, elle se borne à l'entretien des jardins qui accompagnent chaque maison.

BOIS. — Il n'y a pas de forêt proprement dite; le sol boisé est divisé en 80 bois, bouquets ou bosquets épars dans l'étendue du canton, restes de la forêt de Brie qui couvrait à l'origine toute la contrée. Plusieurs de ces massifs sont contigus à la forêt de Betz. Les autres occupent une assez grande partie des sables qui entourent Lévignen et de l'ancienne forêt des Gombries, ou sont réunis sur les pentes du vallon de Grivette, ou bien enfin indiquent sur les plateaux, les sols qui jusqu'à présent n'ont pas été jugés propres à la culture des céréales de première classe.

Ce sont des taillis avec ou sans baliveaux qu'on exploite communément à l'âge de 18 ans, quelques-uns à 10, 12 ou 15, un petit nombre à 20 ans.

Les principales essences sont : le chêne, le hêtre, le charme, le bouleau, l'aune, mêlés d'orme, de coudrier, de peuplier, de saule et de boursaude. Il y a aussi des châtaigniers dans quelques bouquets, et des arbres verts introduits par la culture.

Le chêne est plus abondant dans les bois des plateaux, le bouleau dans ceux des pentes.

FOURRAGES. — Les prairies artificielles sont aujourd'hui très répandues.

Luzerne. — La *luzerne* est le plus ancien des fourrages

légumineux et celle qui occupe la plus grande surface. Par les importantes modifications qu'elle a déterminées dans les assolements elle a fait tripler la production de l'avoine. On en distingue deux variétés, l'une dite de Brie ou commune qui est plus précoce, et celle de Provence que l'on croit d'une plus longue durée. La première fournit trois coupes, il est rare que l'autre en donne plus de deux ; elle est plus sensible aux froids et aux intempéries.

Trèfles. — On cultive aussi le *trèfle* rouge ordinaire, le *trèfle* incarnat ou anglais et le *trèfle* blanc.

La *minette*, nommée aussi trèfle jaune, se cultive sur une grande échelle, à cause des nombreuses bêtes à laine auxquelles on la fait pâturer.

Sainfoin. — Le *sainfoin* est moins répandu que les plantes précédentes, parce que les terres calcaires qui lui conviennent le mieux sont assez rares. On le place sur les sols arides par excès de sable, et en général sur les terres qui n'ont pas assez d'humidité pour produire de beaux trèfles, et pas assez de profondeur pour établir des luzernières ; encore la tendance est-elle vers l'abandon de cette plante et son remplacement par la luzerne.

ANIMAUX DOMESTIQUES. — Les chevaux employés aux gros travaux agricoles appartiennent, pour la plus grande partie, à la *race boulonnaise* plus ou moins métissée, le surplus vient de Normandie, des Ardennes, et un très petit nombre de Flandre.

Ces animaux sont amenés par des marchands ambulants sur les foires ou francs-marchés de Senlis et de Crépy-en-Valois, à l'âge de cinq ans, où les cultivateurs les prennent et les revendent lorsqu'ils sont devenus hors de service.

On leur donne une forte nourriture, contrairement à ce qui se pratique dans beaucoup d'autres cantons ruraux ; mais l'abondance des aliments explique cette différence. La ration d'un cheval de charrue se compose de 12 à 15 litres d'avoine,

12 à 15 kilos de fourrage et paille. Un cheval de maître reçoit 10 litres d'avoine, 6 kilos de foin et autant de paille de blé. Quant aux attelages de transport ou de roulage, on leur donne 19 à 20 litres d'avoine et 10 kilos de foin.

Il y a dans le pays quelques mulets et un certain nombre de baudets employés principalement aux transports de bois dans la forêt de Retz.

On leur donne quelques soins; ils sont nourris pendant tout l'été avec des fourrages verts, et pendant l'hiver avec des herbes sèches, auxquelles on ajoute des racines hachées, quelquefois un peu d'avoine.

Vaches. — Les bêtes bovines sont assez nombreuses et appartiennent à la race flamande.

Les veaux sont livrés à la boucherie au plus tard à l'âge de deux mois. Les vaches sont conservées jusqu'à neuf ans, et revendues ensuite sur les foires voisines, où le commerce de la boucherie s'en empare.

Ces animaux sont nourris, depuis le printemps jusqu'à l'entrée de l'hiver, avec les produits en vert des prairies artificielles. On leur donne, pendant la morte saison, des racines hachées mêlées de menues pailles, sept kilos de fourrages secs et de la paille d'avoine à discrétion. Ces rations un peu fortes tiennent, comme je l'ai déjà dit, à l'abondance de la production locale.

Les vaches sont fréquemment atteintes de *pommelière* ou *phthisie*, à cause de l'usage de fourrages poudreux et aussi à cause du mauvais état des étables, leur défaut de clôture ou d'aérage.

L'affection aphtheuse, connue sous le nom de *cocotte*, se développe quelquefois sous forme épizootique; mais elle cède assez vite à un traitement adoucissant. Une maladie plus redoutable consiste dans la *péripneumonie gangréneuse* que de jeunes bêtes nouvellement achetées apportent et qui prend immédiatement un caractère contagieux.

Moutons. — Le canton de Betz est un des premiers en France où la race espagnole ait été introduite (fin du xviiie siècle). On a continué depuis, avec une persévérance intelligente, d'opérer à chaque génération des croisements qui ont fini par constituer une sous-race assez forte, dont la toison approche de la finesse des bêtes pur-sang.

Les moutons espagnols, proprement dits, sont très rares, et ceux que l'on qualifie ainsi doivent être regardés comme des animaux que des croisements multipliés ont fait approcher du type parfait.

Quelques cultivateurs ont essayé le croisement des métis avec des races anglaises; ils ont obtenu des laines plus longues, mais aux dépens de la finesse.

Les moutons et agneaux communs ne servent guère qu'à la nourriture. Les vieilles bêtes métis reçoivent la même destination, et on les livre grasses au commerce de la boucherie qui en transporte une partie dans la capitale.

Le poids moyen d'une toison de métis perfectionné est de 5 kilos, celle des métis ordinaires 4 kilos. La toison ordinaire atteint à peine la moitié.

Presque toutes les bergeries ont été renouvelées et satisfont aujourd'hui aux exigences de l'hygiène.

Les troupeaux sont nourris depuis le printemps jusqu'à la mi-novembre, soit au parc, soit dans la bergerie, avec des herbes vertes, des trèfles incarnats, vesces, luzernes, trèfles blancs ou *m·tou*, de la navette. En hiver, on donne aux mères et aux agneaux âgés d'un an, 1 kilo de luzerne, autant de vesce en graines, 1 kilo d'avoine ou de son mélangé avec des racines hachées et de la paille à discrétion.

Les autres bêtes reçoivent seulement 1 kilo de fourrage et de paille à volonté.

Le *piétin*, le *claveau* et le *tournis*, affections ordinaires de la race ovine, ont dispar·, sous l'influence continue des soins donnés à l'éducation et à la conservation des troupeaux. Ils apparaissent seulement comme accidents isolés.

Porcs. — L'exploitation du porc est très restreinte, vu le développement considérable des bêtes à laine. Quelques-uns seulement sont engraissés pour l'usage de la ferme.

Volailles. — On élève, dans les communes méridionales notamment, une assez grande quantité de volailles qui est portée sur les marchés d'Acy, de Meaux et de Crépy-en-Valois. Les autres villages ne produisent que ce qui peut être nécessaire à la nourriture locale.

Le nombre des pigeons est fort restreint, à cause des dommages que ces oiseaux causent aux récoltes et du soin extrême que la population apporte à la production des céréales.

On rencontre çà et là quelques ruches.

INDUSTRIE.

Il n'y a pas de manufactures ou de grandes fabriques dans le canton de Betz, et il ne paraît pas que ce pays ait jamais eu aucune entreprise industrielle considérable. L'importance de l'agriculture réclamant le travail de tous les bras, il n'était pas nécessaire de créer des ressources supplémentaires d'existence pour la population, dont on n'aurait d'ailleurs obtenu le concours qu'au moyen de salaires supérieurs à ceux de la main-d'œuvre agricole. Les établissements se réduisent donc à quelques exploitations de matières minéralogiques, aux usines hydrauliques et à quelques spéculations diverses.

TOURBIÈRES. — La vallée de l'Ourcq est tourbeuse dans son étendue et le combustible y a été exploité ou du moins reconnu depuis plusieurs siècles.

Il existe sur le territoire de Marouil un tourbage régulier, l'extraction annuelle est de 5,000 mètres, dont la plus forte part est expédiée sur Paris. Le surplus sert au chauffage local et à l'alimentation de quelques usines.

CARRIÈRES. — Le calcaire grossier a été exploité, dans des temps reculés, sur la plupart des points où les bancs se montrent au jour.

Il n'y a plus, depuis longtemps, d'exploitations régulières.

Le calcaire d'eau douce est exploité sur les plateaux pour l'amendement des terres.

Les grès sont employés à la construction et à l'entretien des routes sans qu'il y ait nulle part d'extraction vaste et régulière.

Il y a des sablonnières sur tous les terrains en pente.

FOURS A CHAUX. — Ces usines ont été nombreuses autrefois, parce que les calcaires grossiers supérieurs qui existent dans toutes les carrières, fournissent la matière d'une excellente marne. Aujourd'hui trois seulement sont en activité.

TUILERIES. — Il y a cinq usines de cette sorte dans le canton. Elles occupent 16 hommes, 2 femmes et 8 enfants; les produits tuiles, briques et carreaux sont expédiés vers les grands centres.

POTERIE. — La couche d'argile plastique découverte près de *Varinfroy* a déterminé, outre l'établissement de la tuilerie, la création d'une fabrique de poteries communes. La production est facilement absorbée par la consommation des lieux voisins.

MOUTURE DES GRAINS. — Il y avait jadis encore, trois moulins à vent, ils ont disparu du canton pour faire place aux moulins hydrauliques. Les plus près de Rouvres sont :

celui de *Varinfroy* sur l'Ourcq et celui de *Rosoy* sur la Gergogne.

On voit, d'après cet exposé, que le canton de Betz ne fournit guère au commerce que des grains et farines, des fromages et des laines, à quoi il faut ajouter de faibles produits de tourbières, carrières, tuileries.

On y importe, au contraire, des bois et les objets de toute sorte nécessaires à l'existence et au bien-être des populations.

Les lieux principaux de transaction à l'extérieur sont : Meaux, Dammartin, Crépy-en-Valois, Villers-Cotterets, La Ferté-Milon, Neuilly-Saint-Front, Crouy-sur-Ourcq, Nanteuil-le-Haudoin.

Les expéditions directes, sur la capitale, sont faites au moyen du canal de dérivation de l'Ourcq.

PREMIÈRE PARTIE.

CHAPITRE PREMIER.

DESCRIPTION DE LA FERME.

Il y a trois fermes importantes à *Rouvres*, celles de :

M. Tronchon. . . . . 180 hectares,
M. Hurand. . . . . 210 —
M. Gibert. . . . . 256 —

C'est cette dernière qui va nous occuper.

La ferme de M. Gibert, située à l'extrémité du village, derrière l'église, comprend cinq corps de bâtiments rangés symétriquement autour d'une vaste cour de deux hectares de superficie, une forte grille en fer en défend l'entrée, deux niches à chiens placées de chaque côté servent de guérite à deux mâtins, sentinelles vigilantes très utiles la nuit.

A droite, en entrant, se trouve la maison d'habitation, les étables et la manutention.

A gauche, une remise, la chauffoure, deux bergeries, la

batterie, une petite cour renfermant quatre cases à porcs, à côté le poulailler et encore une bergerie, le tout couvert de sinets.

En face dans l'angle Sud-Est, une niche à chiens et deux cases à porcs, puis vient le bâtiment à l'usage des écuries. Il est perpendiculaire à la manutention, il se termine au Nord-Est par un vaste pigeonnier ; là, se trouve un passage fermé par une grande porte en bois et donnant accès sur la campagne. A gauche de cette porte se trouve une belle grange et deux autres bergeries.

Au centre de la cour on voit une mare entourée d'un parapet en briques et ciment de un mètre d'élévation autour duquel viennent s'entasser les fumiers.

HABITATION. — La maison d'habitation est bien agencée, elle est vaste, spacieuse et bien aérée ; elle comprend deux étages.

Au rez-de-chaussée une grande entrée servant de réfectoire pour les ouvriers, à droite une salle à manger, un salon et une salle de billard ; à gauche, deux chambres dont l'une sert de bureau, derrière une vaste cuisine.

Au premier, chambres diverses.

Au second, beaux greniers servant les uns de débarras, les autres à conserver les semences.

Derrière la maison, un jardin d'un hectare égaie l'habitation par ses nombreuses fleurs et fournit abondamment tous les fruits et légumes nécessaires à la consommation. Un jardinier, payé 75 francs par mois, est chargé de son entretien.

ÉTABLES. — Contiguës à la maison d'habitation, les étables se composent de deux pièces communiquant entre elles et pouvant contenir : la première dix vaches et la seconde trente.

Les auges et les râteliers sont en bon état ; seul, le sol laisse à désirer et demande un pavage.

MANUTENTION. — La manutention fait suite aux étables : on y prépare la nourriture des moutons et des vaches ; des compartiments d'égale capacité, placés tout le long du mur de gauche, servent à conserver les rations journalières composées de betteraves hachées mêlées avec de la menue paille. Un manège placé sous un hangar adossé au mur de droite permet d'actionner le coupe-racines et sert aussi à monter la provision d'eau nécessaire pour la journée. A droite se trouve encore une stalle pour 4 chevaux et dans le fond une vaste cave.

ÉCURIES. — Les écuries sont placées dans un long bâtiment perpendiculaire à la manutention. Ce corps de bâtiment est divisé en trois parties. La première est la plus vaste : elle a 36 mètres 60 centimètres de long, 6 mètres de large et 3 mètres 10 de haut ; elle donne place à 20 chevaux, ce qui fait 1 mètre 30 par cheval.

La seconde partie contient 8 chevaux employés à l'intérieur de la ferme : au puits — coupe-racines — batterie, etc.

La troisième partie, située sous le colombier, est une écurie réservée.

BERGERIES. — Les bergeries sont vastes et bien aérées ; elles peuvent donner place à 800 têtes. Les râteliers sont mobiles, ce qui permet de suivre le mouvement ascendant des litières.

GRENIERS. — Les greniers sont bien distribués ; ils sont commodes et spacieux ; de larges fenêtres en rendent l'aération facile ; des ouvertures pratiquées dans les planchers permettent de faire passer rapidement le grain du second où on le vanne, au premier où on le crible, et du premier dans la chauffoure où on le vitriolise avant de le mettre en terre, ou bien, où on le met en sac pour le livrer au commerce.

Au-dessus des bergeries, des écuries et des étables, se trouvent de vastes sinets servant à emmagasiner les fourrages destinés à la nourriture hivernale des animaux.

FUMIERS. — Les fumiers sont disposés sans aucun ordre autour d'une petite mare située au centre de la cour, ils ne reçoivent aucun soin ; aussi, lavés par les eaux, séchés par le soleil, ils perdent la majeure partie de leurs principes fertilisants. Naturellement il n'y a pas de fosse à purin et celui-ci s'écoule dans la mare ou s'infiltre dans le sol sans aucun profit pour la culture.

EAUX. — Les mares et les puits sont les seules ressources pour avoir de l'eau. La petite mare de la cour mériterait plutôt le nom de purinière, c'est à peine si quelques canards osent y prendre leurs ébats. La seconde, ou grande mare, est située derrière les écuries ; elle sert d'abreuvoir au bétail. Enfin, un puits profond, placé à côté de la manutention, fournit, au moyen d'un manège, de l'eau potable pour tous les besoins intérieurs.

HANGAR. — Derrière la grande mare, un beau hangar sert d'abri aux véhicules et aux instruments aratoires.

REMISES. — Les remises servent à loger les voitures de maître. La plus grande fait face à la mare, l'autre comprend la sellerie.

TERRES. — Les terres cultivées sont de bonne qualité, à part soixante hectares de terres fortes et vingt de terres sablonneuses ; cent soixante-quinze hectares sont composés d'une terre franche de première qualité ; l'épaisseur de la couche végétale est de un mètre et repose sur un lit d'argile rouge. Il n'y a que les vingt hectares sablonneux qui se trouvent sur les coteaux, le reste est disséminé sur le plateau de Rouvres par pièces de dix, vingt, quarante hectares.

ASSOLEMENT. — L'assolement suivi jusqu'ici est triennal, *blé*, *avoine*, *jachère* ou *refroissis*. On nomme ainsi, dans le pays, la sole de betteraves et les fourrages.

CHAPITRE II.

ENTRÉE EN JOUISSANCE.

Après cette trop longue description des environs, du sol, de la culture, de l'extérieur et enfin de l'intérieur de la ferme, examinons quel parti on peut tirer de cette exploitation.

Nous étudierons successivement :

1° Des conditions de jouissance ou le bail ;

2° L'assolement suivi ;

3° Le système général de culture à adopter ;

4° L'outillage, main-d'œuvre, etc.

Enfin, nous terminerons par le relevé des résultats que nous croyons pouvoir obtenir par le système de culture que nous aurons adopté, et par les transactions extérieures.

DEUXIÈME DIVISION.

CHAPITRE PREMIER.

MODE DE JOUISSANCE DU SOL.

Les terres labourables qu'on soumet à des systèmes donnés de culture, et sur lesquelles on met en pratique les assolements, sont exploitées par six classes d'agriculteurs, savoir :

1° Les propriétaires, ou les pagès ou les biens tenant ;

2° Les domaniers de propriétés congéables ;

3° Les régisseurs ;

4° Les maîtres-valets et les ramonets ;

5° Les métayers, ou les colons partiaires ;

6° Les fermiers.

Seule la sixième classe nous intéresse, arrêtons-nous-y quelques instants.

Les fermiers forment deux classes bien distinctes de cultivateurs, suivant les conditions que leur imposent les baux qu'ils ont acceptés.

Quand ils doivent suivre la culture en usage dans le pays qu'ils habitent, ou lorsqu'ils ne peuvent changer l'assolement qui était établi sur le domaine à l'époque de leur arrivée, leur liberté d'action n'est pas plus grande que celle dont jouissent ordinairement les métayers et les maîtres-valets.

Lorsque, par contre, les baux les autorisent à cultiver selon leurs volontés, ils jouissent alors, seulement, de tous les droits que possèdent les propriétaires. Ainsi, ils peuvent suivre une culture améliorante, ou une culture libre, et adopter un ou plusieurs assolements de 2, 3, 5 ou 7 ans, selon la durée des baux en vertu desquels ils remplacent pour ainsi dire temporairement le propriétaire.

Or, voici les clauses principales du bail :

1° *256 hectares de terre loués 80 fr. l'hectare payable par trimestre ;*

2° *Assolement triennal ;*

3° *Rendre les locaux en bon état à la résiliation du contrat.*

De son côté le propriétaire s'engage :

1° *A tenir close et couverte l'exploitation louée ;*

2° *A participer aux améliorations foncières ;*

3° *A accepter un bail de 3, 6 ou 9 aux conditions ordinaires.*

Toutes les clauses de ce traité sont fort équitables, sauf l'article 2 qui entrave la liberté d'action de l'exploitant. Mais heureusement l'assolement triennal, quoique stipulé dans tous les baux des environs, n'est respecté dans aucune commune.

Cependant, les clauses restrictives que ce bail nous impose, nous obligent à examiner sommairement les influences qu'elles peuvent exercer sur le choix d'un assolement.

Les baux à ferme ont en France une trop courte durée. C'est pourquoi on les regarde à bon droit comme très onéreux et pour le fermier et pour le propriétaire, parce qu'ils ne permettent aucune amélioration et qu'ils s'opposent à l'adoption d'une culture progressive.

En effet, les baux de 3, 6 ou 9 ans obligent l'exploitant à renoncer aux assolements de longue durée appartenant à la culture améliorante, pour suivre de préférence une succession de culture faisant partie de l'agriculture stationnaire ou épuisante.

Ainsi, par suite de la courte durée d'un bail, un fermier intelligent est forcé de suivre les errements du passé, en se disant à lui-même : *mon prédécesseur a vécu, je vivrai!*

Les baux de 12, 18, 24 ou 27 années, au contraire, sont favorables et au propriétaire et au tenancier. Ils permettent d'exécuter des marnages, des labours de défoncement, des épierrements, des travaux de drainage et d'irrigation, et de suivre une culture véritablement améliorante.

Toutefois, pour qu'un tenancier instruit et possédant des capitaux, puisse avec un long bail entreprendre des travaux d'amélioration souvent très coûteux et adopter une culture qui engage au début, et pour plusieurs années, une partie de son capital d'exploitation, il faut que le bail lui accorde une grande liberté d'action.

En général, la durée des baux doit être exactement en raison inverse de la richesse des terres. Ainsi, si la rente du sol est supérieure à 60 fr. le bail sera de 12 à 15 ans;

est inférieure à 40 fr. . . . . 18 à 20 ans;

est inférieure à 20 fr. . . . . 25 à 30 ans.

Parce que plus les terres sont pauvres et difficiles à cultiver, plus sont fortes les avances qu'elles exigent.

Donc, il est plus avantageux à l'exploitant de cultiver une terre riche avec un bail très court que de faire valoir, avec le même bail, des terres de médiocre qualité.

D'après ce qui précède et sachant que les terres de Rouvres sont de 1re qualité, on peut accepter, sur la ferme qui nous occupe, un bail de 3, 6, 9 années.

CHAPITRE II.

CONDITIONS DU BAIL.

Le bail actuellement en usage dit : Le preneur labourera, fumera et ensemencera les terres du domaine en temps comme en saison convenables, suivant l'usage du pays et ce, *sans pouvoir les dessoler ni les dessaisonner.*

Cette clause signifie que le fermier :

1° Ne pourra, pendant toute la durée du bail, rompre l'ordre périodique des jachères, c'est-à-dire *dessoler, dérayer,* ou *dérégler.*

2° N'est pas autorisé à cultiver deux céréales de suite en dehors de l'assolement en usage ou *dessaisonner.*

Cette condition est-elle indispensable? doit-elle être inscrite dans le bail? Évidemment *non.*

L'Assemblée constituante le comprit ainsi lorsqu'elle proclama, il y a presque un siècle, la liberté de la culture, et lorsqu'elle regarda la suppression de la jachère comme le moyen le plus certain de favoriser en France les progrès de l'agriculture.

Nous ajouterons que plusieurs tribunaux ont aussi reconnu que laisser le tiers ou le quart des terres labourables en jachère était agir contre l'intérêt public.

Mais l'introduction des plantes légumineuses, lupuline ou minette, trèfle, vesce, etc., dans les jachères, constitue-t-elle un véritable *dessolement?* Non, car elle ne rompt pas l'ordre

des ensemencements, puisque ces plantes peuvent être sui-
vies, comme la jachère, par des céréales d'hiver.

C'est donc bien à tort que le propriétaire penserait nous
obliger à suivre la culture du pays, parce que la clause que
nous avons mentionnée plus haut aurait été insérée dans le
bail arrêté entre nous.

C'est aussi sans motifs plausibles qu'il conserverait l'espé-
rance de faire *résilier* le bail dans le cas où nous suivrions
un assolement différent de la succession adopté dans la culture.

Il est vrai que le propriétaire, aux termes de l'article 1764
du Code Napoléon, a le droit de rentrer en jouissance de sa
propriété si le preneur n'exécute pas les clauses du bail; mais
on ne doit pas oublier que l'article 1766 du même Code ne
fonde de répétitions pour infractions qu'autant que ces infractions ont causé un dommage réel au bailleur.

Ainsi, la demande en résiliation de bail ne peut être faite
s'il y a dessolement qu'à la condition que le propriétaire
aura été lésé dans ses intérêts et que le preneur aura dété-
rioré le sol.

De ces faits, il faut conclure que le propriétaire qui loue
un domaine doit se rappeler que si le preneur ne peut vivre
aux dépens de la richesse que les terres ont acquises, il ne
doit pas non plus améliorer le fonds sans profit.

Nous croyons donc pouvoir proposer à notre propriétaire
les clauses suivantes :

1° Le preneur cultivera, fumera, ensemencera *comme il
le jugera*, c'est-à-dire aura la faculté de dessoler ou de dessaisonner, à la condition d'assoler pendant les deux ou trois
dernières années, de manière à livrer à son successeur les
terres assolées suivant l'usage de la contrée;

2° L'étendue consacrée aux plantes céréales et aux plantes
industrielles ne pourra excéder chaque année la moitié ou
le tiers de la surface des terres labourables;

3° Le preneur aura le droit, pendant l'année qui précédera son entrée en jouissance, de semer des graines de prairies artificielles bisannuelles ou vivaces : trèfle, lupuline, luzerne ou sainfoin, dans les céréales d'automne ou de printemps semées par le fermier sortant ;

4° Le preneur laissera à sa sortie un sixième ou un huitième de l'étendue totale des terres labourées en prairies artificielles vivaces (sainfoin ou luzerne) en bon état d'entretien, et âgées de trois à quatre ans.

Ces clauses seront naturellement complétées par des articles indiquant :

1° La désignation des terres et des bâtiments ;

2° Le prix moyen de location des terres par hectare ;

3° Que le bailleur fournira au preneur un plan authentique du domaine ;

4° Que le preneur n'est contraint à aucunes faisances et corvées ;

5° Que le bailleur loue le domaine tel qu'il se comporte avec garantie de mesure ;

6° Enfin, les époques auxquelles les terres et les prairies seront livrées au preneur.

DEUXIÈME PARTIE.

PREMIÈRE DIVISION.

CHAPITRE PREMIER.

ENTRÉE EN FERME.

Nous nous proposons d'entrer en ferme, à la Saint-Martin nous recevrons les jachères et les terres qui doivent être ensemencées au printemps suivant en avoine, orge ou blé de mars.

Le bail actuellement en usage dit :

« Le fermier sortant qui a des céréales à battre, des foins à faire consommer et des pailles à utiliser, jouit du pâturage des terres jusqu'au 15 avril qui suit la dernière récolte qu'il a faite. En outre, il a le droit d'occuper les granges et les greniers jusqu'à la Saint-Jean de la même année. » Nous nous conformerons à cette clause, à condition, toutefois, de jouir du même privilège à la résiliation de notre contrat.

La ferme ayant fort peu de prairies artificielles, nous demanderons au fermier sortant l'autorisation (car le bail n'oblige pas celui-ci à faire ces semis) de semer avant la Saint-Martin des vesces d'hiver, de la jarosse, du seigle-fourrage et du trèfle incarnat, afin de récolter des fourrages verts au printemps suivant.

CHAPITRE II.

INVENTAIRE D'ENTRÉE.

Afin de nous conformer au texte de notre thèse, nous considérerons notre exploitation comme n'ayant que 120 hectares de terres cultivées, dont voici l'assolement.

1re année : Betteraves	20 hect.		
Pommes de terre	5	—	»
2e année : Avoine	15	—	50
Orge	2	—	50
Froment de mars	7	—	»
3e année : Trèfle	8	—	»
Sainfoin	12	—	»
Vesce	5	—	»
4e année : Blé d'hiver	20	—	»
Escourgeon	1	—	»
Seigle	4	—	»
Plus 20 hectares de luzerne placés en dehors de la rotation	20	—	»
TOTAL	120 hect.		

Nombre d'objets.	DÉSIGNATION.	Estimation.	TOTAL.
	ACTIF.		
	§ 1er. — MOBILIER MORT.		
	Art. 1er. — **Mobilier de ménage.**		
	Literie, vaisselle, batterie de cuisine, lampes, bancs, tables, etc., etc.............................	2,000 »	2,000 »
	Art. 2. — **Mobilier de bureau.**		
	Bureau, table, registres, chaises, etc.............	200 »	200 »
	Art. 3. — **Mobilier de salon.**		
	Chaises, fauteuils, tapis, rideaux, etc..............	400 »	400 »
	Art. 4. — **Buanderie.**		
1	Fourneau et chaudière pour lessive...............	50 »	
2	Seilles et cuviers.............................	50 »	100 »
	Art. 5. — **Fournil.**		
1	Maie à pain..................................	10 »	
2	Pelles à pain et un fourgon......................	8 »	
20	Paniers......................................	10 »	
	Rayons, planches, etc	5 »	33 »
	Art. 6. — **Lingerie.**		
2	Armoires....................................	30 »	
30	Paires de draps, à 10 fr.......................	300 »	
50	Serviettes, à 1 fr.............................	50 »	
30	Essuie-mains, à 0 fr. 50.......................	15 »	
20	Torchons, à 0 fr. 40	8 »	
2	Semoirs, à 2 fr...............................	4 »	407 »
	Art. 7. — **Mobilier laiterie.**		
1	Baratte à main...............................	25 »	
2	Seaux à traire, à 2 fr..........................	4 »	
	Pots, cuillères, écrémeuses.....................	20 »	49 »
	Art. 8. — **Mobilier écurie.**		
2	Etrilles, brosses, peignes, etc	12 »	
3	Fourches à litière, à 1 fr.......................	3 »	
1	Lampe.......................................	3 »	
1	Coffre à avoine...............................	10 »	
1	Vannette, 2 seaux, 2 balais.....................	6 »	
1	Selle..	40 »	
1	Bridon......................................	3 »	
6	Paires de traits corde, à 3 fr	18 »	
7	Colliers, 7 brides et 7 licols....................	100 »	
3	Harnais complets pour limoniers	150 »	
1	Harnais pour cheval de maître	120 »	
3	Lits complets.................................	120 »	385 »
	à Reporter...................................		3,774 »

Nombre d'objets.	DÉSIGNATION.	Estimation.		TOTAL.	
	Report........	....		3,774	»
	Art. 9. — Mobilier vacherie.				
20	Chaînes d'attache en fer, à 1 fr. 50............	30	»		
1	Lampe...................................	3	»		
2	Seaux en bois, à 1 fr. l'un...............	2	»		
1	Fourche en fer, 1 croc à fumier..............	4	»		
1	Lit complet.............................	40	»		
1	Coffre à son............................	10	»		
2	Mannes à 1 fr., 1 balai, une pelle............	3	»		
30	Mètres de râteliers fixes, à 0 fr. 50..........	15	»		
4	Licols pour veau, à 2 fr...................	8	»	115	»
	Art. 10. — Mobilier porcherie.				
1	Chaudière pour faire cuire les aliments............	30	»		
4	Auges en fer, à 3 fr......................	12	»	42	»
	Art. 11. — Mobilier bergerie.				
1	Cabane de berger.........................	100	»		
30	Claies à parcs avec accessoires, à 5 fr..........	150	»		
4	Baquets mobiles, à 3 fr...................	12	»		
20	Mètres de râteliers mobiles, à 2 fr.............	40	»		
1	Fer à marquer...........................	3	»	305	»
	Art. 12. — Mobilier poulailler et clapier.				
	Nids à pondre et à couver, perchoirs............	20	»		
2	Cages à poulets..........................	3	»		
6	Petits râteliers en bois pour lapins..............	6	»		
6	Auges en bois pour lapins...................	6	»	35	»
	Art. 13. — Mobilier granges et greniers.				
30	Sacs en toile, à 1 fr. 50...................	45	»		
2	Tarares, à 40 fr.........................	80	»		
1	Trieur Tabary...........................	90	»		
3	Mesures pour le grain, à 3 fr..............	9	»		
4	Pelles en bois, râteaux, balais...............	8	»		
1	Brouette à sac...........................	10	»		
3	Fléaux, à 0 fr. 50........................	1	50		
1	Bascule et poids.........................	50	»	293	50
	Art. 14. — Mobilier cave et grenier.				
5	Foudres à cidre, à 40 fr...................	200	»		
4	Futailles à vin, à 3 fr...................	12	»		
	Bouteilles et divers......................	20	»		
2	Saloirs, à 10 fr.........................	20	»	252	»
	Art. 15. — Outils à main.				
3	Bûches ordinaires, à 2 fr...................	6	»		
4	Pelles en fer, à 2 fr......................	8	»		
4	Binettes, à 1 fr.........................	4	»	18	»
	à Reporter........	....		4,834	50

Nombre d'objets.	DÉSIGNATION.	Estimation.	TOTAL.
	Report........	....	4,834 50
4	Pioches, à 1 fr. 50.....................	6 »	
2	Marteaux et enclumes, à 1 fr.....................	2 »	
2	Cognées, à 2 fr.....................	4 »	
2	Scies, à 3 fr.....................	6 »	
10	Fourches américaines, à 4 fr.....................	40 »	
12	Fourches en bois à faner, à 1 fr.....................	12 »	
10	Echardonnettes, à 0 fr. 50.....................	5 »	
2	Faux nues, à 4 fr.....................	8 »	
4	Fourches à 2 dents, à 3 fr.....................	12 »	
2	Brouettes, à 10 fr.....................	20 »	
	Echelles, câbles, râteaux, etc.....................	60 »	175 »
	Art. 16. — Mobilier roulant.		
2	Brabants, à 150 fr.....................	300 »	
2	Herses triangulaires à dents de fer, à 40 fr.........	80 »	
2	Herses en bois, à 20 fr.....................	40 »	
1	Extirpateur bâti en fer.....................	100 »	
1	Rouleau en tôle.....................	100 »	
1	Rouleau en bois.....................	60 »	
1	Déchaumeur.....................	100 »	
1	Houe à cheval (système Bajac).....................	120 »	
4	Traineaux pour herses, à 20 fr.....................	80 »	
5	Volées d'attelages, à 10 fr.....................	50 »	
1	Semoir Smith.....................	300 »	
4	Gimbardes, à 300 fr.....................	1,200 »	
3	Tombereaux, à 200 fr.....................	600 »	
1	Petite voiture à bras.....................	60 »	
1	Voiture légère pour marché.....................	120 »	
1	Cabriolet et ses accessoires.....................	600 »	3,910 »
	Art. 17. — Machines diverses.		
1	Hache-paille.....................	50 »	
1	Coupe-racines.....................	80 »	
1	Bascule portative.....................	120 »	
1	Machine à battre et son manège.....................	800 »	
1	Faucheuse (Albaret).....................	400 »	
1	Râteau à cheval.....................	120 »	
2	Clefs anglaise et simple à voiture.....................	10 »	
	Divers.....................	150 »	1,730 »
	TOTAL DU MOBILIER MORT.........	....	10,649 50

	RÉSUMÉ DU MOBILIER MORT.		
	Article 1. Mobilier de ménage.....................	....	2,000 »
	— 2. — de bureau.....................	....	200 »
	— 3. — de salon.....................	....	400 »
	— 4. — de buanderie.....................	....	100 »
	à Reporter........	....	2,700 »

Nombre d'objets.	DÉSIGNATION.	Estimation.		TOTAL.	
	Report........	....		2,700	»
	Article 5. Mobilier de fournil......................	....		33	»
	— 6. — de lingerie......................	....		407	»
	— 7. — de laiterie......................	....		49	»
	— 8. — de l'écurie......................	....		585	»
	— 9. — de la vacherie......................	....		115	»
	— 10. — de la porcherie......................	....		42	»
	— 11. — de la bergerie......................	....		305	»
	— 12. — du poulailler......................	....		35	»
	— 13. — de granges et greniers...............	....		293	50
	— 14. — de la cave et du cellier..........	....		252	»
	— 15. — outils à main....................	....		193	»
	— 16. — roulant....................	....		3,910	»
	— 17. — machines diverses	....		1,730	»
	TOTAL DU MOBILIER MORT............	....		10,649	50

§ II. — MOBILIER VIVANT.

ART. 1er. — Ecurie.

Nombre d'objets.	DÉSIGNATION.	Estimation.		TOTAL.	
6	Chevaux de 7 à 8 ans (race boulonnaise), à 800 fr..	4,800	»		
1	Cheval, pour voiture de maître..................	1,000	»	5,800	»

ART. 2. — Vacherie.

Nombre d'objets.	DÉSIGNATION.	Estimation.		TOTAL.	
12	Vaches flamandes de 4 ans et au-dessus, à 500 fr....	6,000	»		
5	Génisses flamandes prêtes à vêler, à 450 fr..........	2,250	»		
1	Taureau flamand, 2 ans......................	500	»	8,750	»

ART. 3. — Porcherie.

Nombre d'objets.	DÉSIGNATION.	Estimation.		TOTAL.	
3	Porcs à l'engrais, à 200 fr...................	600	»		
1	Truie pleine....................	250	»	850	»

ART. 4. — Basse-cour.

Nombre d'objets.	DÉSIGNATION.	Estimation.		TOTAL.	
130	Poules et coqs, à 1 fr. 50...................	225	»		
10	Canards Rouen, à 3 fr....................	30	»		
6	Dindes et dindons, à 8 fr....................	48	»		
80	Pigeons, à 0 fr. 75....................	60	»		
30	Lapins, à 2 fr....................	60	»		
1	Chien de garde	40	»	463	»
	TOTAL DU MOBILIER VIVANT.........	....		15,863	»

RÉSUMÉ DU MOBILIER VIVANT.

DÉSIGNATION.		TOTAL.	
Article 1. Ecurie....................	....	5,800	»
— 2. Vacherie....................	....	8,750	»
— 3. Porcherie....................	....	850	»
— 4. Basse-cour....................	....	463	»
TOTAL DU MOBILIER VIVANT..........	....	15,863	»

Nombre d'objets.	DÉSIGNATION.	Estimation.		TOTAL.	
	§ III. — DENRÉES EN MAGASIN.				
	Aᴿᴛ. 1ᵉʳ. — **Fourrages, racines.**				
10,000	Bottes de luzerne, à 5 kilog. : 50.000ᵏ				
6,000	Bottes de sainfoin, *id.* 30.000ᵏ				
	Tᴏᴛᴀʟ... 80.000ᵏ à 40ᶠ les 1.000ᵏ	3,200	»		
80,000	Kilog. de betteraves fourragères, à 15 fr. les 1.000 k.	1,200	»		
6,000	Kilog. de carottes, à 20 fr. les 1.000 kilos..........	120	»		
200	Hectolitres de pommes de terre, à 3 fr. l'hectolitre..	600	»		
200	Kilog. de son ; recoupes, divers, à 12 fr. les 100 k.	24	»	5,144	»
	Aᴿᴛ. 2. — **Pailles, fumier.**				
6,000	Bottes de paille de blé, à 25 fr. les 100 bottes......	1,500	»		
2,000	Bottes de paille d'avoine, à 18 fr. les 100 bottes....	360	»		
60	Mètres cubes de fumier en fosse, à 5 fr. le mètre....	300	»	2,160	»
	Aᴿᴛ. 3. — **Grains battus et non battus.**				
50	Hectolitres de blé de Crépy, à 18 fr................	900	»		
12	— de blé de Bergues, à 18 fr.............	216	»		
30	— d'avoine noire de Brie, à 8 fr..........	240	»		
15	— d'orge Chevalier, à 9 fr................	135	»		
12,000	Gerbes de blé, à 4 hectolitres au 100 : 480 h., à 18 fr.	8,640	»		
5,000	— d'avoine, à 30 hectolitres au 100 : 150 h., à 8 fr.	1,200	»	11,331	»
	Aᴿᴛ. 4. — **Provisions de ménage.**				
2	Pièces de vin rouge, à 150 fr. l'une................	300	»		
200	Bouteilles de différents vins.....................	300	»		
80	Hectolitres de cidre, à 10 fr. l'hectolitre...........	800	»		
100	Kilogrammes de porc salé, à 0 fr. 85 le kilogramme.	85	»		
10	Litres de vinaigre, à 0 fr. 30....................	3	»		
	Sucre, sel, poivre, etc......................	10	»		
	Huiles, graisses, etc........................	50	»		
	Fruits et autres réserves de bouche..............	80	»		
20	Stères de bois, à 20 fr.....................	400	»	2,028	»
	Tᴏᴛᴀʟ ᴅᴇꜱ ᴅᴇɴʀᴇᴇꜱ ᴇɴ ᴍᴀɢᴀꜱɪɴ.........	....		20,663	»

RÉSUMÉ DES DENRÉES EN MAGASIN.

Article 1. Fourrages, racines......................	....	5,144	»
— 2. Pailles, fumier.......................	....	2,160	»
— 3. Grains battus et non battus.............	....	11,331	»
— 4. Provisions de ménage...................	....	2,028	»
Tᴏᴛᴀʟ ᴅᴇꜱ ᴅᴇɴʀᴇᴇꜱ ᴇɴ ᴍᴀɢᴀꜱɪɴ.......	....	20,663	»

Nombre d'objets.	DÉSIGNATION.	Estimation.	TOTAL.
	§ IV. — EMBLAVURES.		
1o	27 hectares de blé d'automne, 1 labour, 2 hersages; le labour estimé 30 fr., le hersage 2 fr., 32 × 27 =	864 »	
2o	60 hectolitres 75 de semence à 20 fr. — 1,215; frais de semence, à 3 fr. l'hectare = 81	1,296 »	
3o	4 hectares de seigle, 2 labours à 30 fr., 2 hersages à 2 fr	256 »	
4o	Frais de semence, 35 fr. l'hectare	140 »	
5o	Transport et épandage de 280,000 kil. de fumier	3,200 »	
6o	Un labour pour la préparation des terres où l'on doit mettre de l'avoine au printemps, soit 15 hectares 1/2 à 25 fr	387 50	
7o	8 hectares de trèfle incarnat, graine et travaux divers, à 60 fr. l'hectare	480 »	
8o	Préparation de la sole de betteraves, 1 labour et 16,000 kilos de fumier à l'hectare, à 8 fr. les 1,000 kilos, pour 20 hectares	3,160 »	
9o	Sole de pommes de terre, 1 labour et 100,000 kilos de fumier pour 5 hectares	900 »	
10o	Sainfoin et vesce 17 hectares, labour et frais divers.	1,700 »	
	Total des emblavures	12,383 50	12,383 50
	§ V. — CAISSE.		
	Espèces	700 »	
	Billets de Banque	2,000 »	
	Total de la caisse	2,700 »	2,700 »
	RÉSUMÉ DE L'ACTIF.		
	Paragraphe I. Mobilier mort		10,049 50
	— II. Mobilier vivant		15,863 »
	— III. Denrées en magasin		20,663 »
	— IV. Emblavures		12,383 50
	— V. Caisse		2,700 »
	Total de l'actif		62,259 »

DEUXIÈME DIVISION.

ASSOLEMENT.

CHAPITRE PREMIER.

DÉTERMINATION DU SYSTÈME DE CULTURE A ADOPTER.

L'usage de cultiver le sol d'après le système triennal, tel qu'on le fait encore à Rouvres, ne nous paraît pas en rapport avec la richesse des terres cultivées; c'est pourquoi nous modifierons cet assolement afin d'obtenir dans notre ferme un maximum de rendement.

1° Comme notre exploitation est près d'une sucrerie, nous aurons intérêt à cultiver la betterave à sucre, les terres répondant très bien aux exigences de cette plante racine.

2° La surface restreinte occupée par les prairies naturelles nous oblige à avoir des prairies artificielles.

3° Comme nous sommes forcé de récolter de l'avoine pour nos chevaux, de la paille pour l'empaillement des écuries, vacheries et bergeries, nous cultiverons l'avoine de printemps et le froment d'automne.

Cela nous donne :

1° La betterave à sucre;
2° La luzerne, le sainfoin;
3° Le trèfle rouge ;
4° L'avoine et l'orge de printemps;
5° Le froment d'automne et de printemps.

Ces plantes bien arrêtées, il s'agit de les grouper de manière qu'elles forment un assolement.

Nous mettrons la betterave en tête de la succession ; car elle aime bien les fortes fumures, a une racine pivotante et appartient à la classe des plantes sarclées et nettoyantes.

La luzerne sera mise de côté, puisqu'elle doit occuper une sole hors de la rotation.

A la suite de la betterave nous placerons l'avoine, qui a une racine fibreuse et qui réussit toujours très bien après une plante sarclée cultivée sur une sole fortement fumée.

La sole d'avoine étant trop étendue, nous la réduirons de moitié et nous mettrons un quart en orge de mars et un quart en blé de printemps.

Le trèfle viendra naturellement après les céréales de mars, qui assurent toujours sa réussite.

Enfin, après cette légumineuse nous inscrirons le froment.

Nous formerons ainsi un assolement quadriennal.

1ʳᵉ année. — Betteraves { 5 hect. fourragères / 15 hect. à sucre. . . }		20 hect.
Pommes de terre		5 hect.
2ᵉ année. — Avoine		15,50
Orge		2,50
Froment de mars.		7 hect.
3ᵉ année. — Trèfle incarnat.		8 hect.
Sainfoin.		12 hect.
Vesce.		5 hect.
4ᵉ année. — Blé d'hiver.		20 hect.
Escourgeon.		1 hect.
Seigle.		4 hect.

Plus, 20 hect. de Luzerne destinée à soutenir l'assolement et placée en dehors de la rotation. . 20 hect.

Total . . . . 120 hect.

La moitié des terres labourables nous fournira annuellement des fourrages et l'autre moitié des pailles.

Cet assolement satisfait à toutes les lois physiologiques et chimiques. La première sole est occupée par une plante pivotante et nettoyante; la seconde par une plante à racines fibreuses à la fois épuisante et salissante; la troisième; par une plante pivotante, étouffante et améliorante, qui pourra être employée, au besoin, comme engrais vert, et la quatrième, par une plante pivotante, épuisante et salissante. Nous ferons remarquer, en outre, que l'alternance des plantes est parfaite, puisque les deux graminées céréales sont séparées d'abord par une crucifère et ensuite par une légumineuse.

1ʳᵉ Sole. — La première sole sera occupée par des betteraves à sucre; cultivée comme plante saccharifère, elle remplit toutes les conditions nécessaires auxquelles doivent satisfaire les plantes sarclées pouvant remplacer très heureusement la jachère.

La betterave, dans les exploitations situées dans la région septentrionale, répond au problème : *Trouver, pour remplacer la jachère, une plante dont les produits aient un emploi ou débit certain, et dont la culture exige, dans le cours de l'année, des binages et des sarclages.*

2ᵉ Sole. — A la deuxième sole, nous mettrons de l'avoine de printemps et du froment de mars.

Les plantes céréales qui occupent cette sole sont toujours placées dans d'excellentes conditions. Elles ont été précédées par un labour d'hiver et une seconde façon exécutée quelques jours avant la semaille; de plus, elles végètent sur un sol qui a été nettoyé et aéré l'année précédente, et elles trouvent dans la couche arable un reliquat de fumure assez élevé pour qu'elles puissent donner des récoltes très satisfaisantes.

C'est sur cette sole que nous répandrons les graines de la plante fourragère bisannuelle qui doit occuper l'année suivante la troisième sole. Ces semences seront répandues en même temps que les graines de la céréale.

3ᵉ Sole. — La troisième sole comprendra le trèfle et le sainfoin.

Les terres étant profondes, saines et très fertiles, le trèfle sera, nous l'espérons, très beau ; d'ailleurs, cette légumineuse n'est pas éloignée de la fumure et elle végète sur un sol propre.

Le retour quadriennal ne nous paraît pas dangereux, puisque le trèfle a toute la liberté de plonger ses racines dans le sol, la couche arable ayant un mètre de profondeur et que, de plus, il reste trop peu de temps pour épuiser le sol. Cependant, afin d'en assurer le succès, nous mettrons la moitié de la sole en trèfle et l'autre moitié en sainfoin, en vesce et en pois gris ; de cette façon, le retour du trèfle sur le même champ n'aura lieu qu'après un intervalle de sept années.

4ᵉ Sole. — La quatrième sole sera entièrement consacrée au froment d'automne et à l'escourgeon d'hiver. Nous y ajouterons du seigle afin de ne pas acheter de paille à l'époque de la confection des liens exigés par la moisson.

Le froment peut-il, dans toutes les circonstances, suivre le trèfle ou le sainfoin ?

Pendant longtemps on a blâmé les agriculteurs qui terminaient ce genre d'assolement, par un blé d'hiver, parce que cette céréale était précédée d'un seul labour. On disait que le blé ainsi placé produisait moins de paille et de grain, et on ajoutait que cette diminution était due exclusivement à la propagation des prairies artificielles. Le temps a fait justice de ces fausses idées, et l'expérience a prouvé que le défrichement du trèfle ou du sainfoin, à l'aide d'un seul labour, devait être considéré comme une bonne préparation pour le froment.

De savants agronomes, tels que Morel Vindé, Mathieu de Dombasle, se sont aussi prononcés contre la succession du trèfle par le froment d'hiver. Les objections qu'ils ont faites sont vraies, mais c'est à tort qu'on a voulu en déduire une loi générale relative à la succession des plantes. Sans doute, quelquefois le froment ne réussit pas très bien après un trèfle de dix-huit mois, mais cet insuccès tient à des causes qui ne sont nullement inhérentes au trèfle ou au sainfoin. Si parfois le blé d'hiver végète mal quand il succède à une prairie artificielle bisannuelle, cela dépend toujours de ce que le défrichement ou la semaille ont été mal exécutés. Aussi doit-on éviter de défricher les tréflières trop tardivement et de répandre la semence de froment sur un défrichement trop récent. L'expérience a mille fois constaté que la semaille ne devait être faite que quand la terre s'était raffermie. Lorsqu'on sème trop tôt, la couche arable, qui est soulevée par les débris du trèfle, s'affaisse sous l'influence des pluies, et les plantes sont très sujettes à être déchaussées par les effets simultanés des gels et des dégels.

Les mêmes faits ont été souvent observés sur les terres très calcaires où les semences avaient été enfouies superficiellement.

En général, et ce fait est digne de remarque, les blés qui succèdent à un trèfle germent moins également et ils sont presque toujours plus clairs pendant l'hiver que ceux après jachère. Mais ces froments, que l'on considère souvent comme très mauvais, se refont vite au printemps si on les roule au mois de mars ou avril. C'est que les matières organiques contenues dans le sol leur permettent de bien taller sous l'influence de la chaleur et des pluies, et de donner plus tard des épis développés et productifs. Ce résultat est d'autant plus certain si on ajoute quelques centaines de kilos de superphosphates d'os par hectare.

Examinons maintenant si notre assolement se suffit à lui-même?

Des agriculteurs émérites, qui suivent cet assolement

quadriennal prétendent qu'on n'arrive jamais à obtenir, avec les animaux qu'on peut nourrir, assez d'engrais pour empêcher la terre de perdre, de rotation en rotation, une partie de sa fécondité; voyons ce que vaut cette assertion :

Si cet assolement est suivi sur des terres de bonne qualité et bien cultivées, comme c'est le cas à Rouvres, on pourra compter sur les produits moyens suivants :

Betteraves.	35,000 ^{k}	par hectare.
Orge.	35^h	—
Trèfle.	6,000 ^{k}	—
Blé d'hiver.	25 ^{h}	—

Chaque rotation absorbera par hectare la quantité de fumier ci-après :

$$\text{Betterave : } 350 \text{ quintaux} \times 65^k = 22{,}750^k.$$
$$\text{Orge : } 35 \text{ hectolitres} \times 300^k = 10{,}500^k.$$
$$\text{Froment : } 25 \text{ hectolitres} \times 500^k = 12{,}500^k.$$
$$\text{Total.} \quad 45{,}750^k.$$

Soit une fumure de 46,000 kilos à appliquer sur la première sole.

On pourra fabriquer avec les betteraves, le foin de trèfle et les pailles des deux céréales, la quantité de fumier suivante :

$$\text{Betterave : } 350 \text{ quintaux} \times 35^k = 12{,}250^k.$$
$$\text{Orge : } 35 \text{ hectolitres} \times 110^k = 7{,}400^k.$$
$$\text{Trèfle : } 60 \text{ quintaux} \times 150^k = 9{,}000^k.$$
$$\text{Froment : } 25 \text{ hectolitres} \times 320^k = 8{,}000^k.$$
$$\text{Total.} \quad 36{,}650^k.$$

Soit un déficit de 10,000 ^{k} de fumier. Cet assolement ne se soutient pas de lui-même. Les cultivateurs anglais ont constaté ce fait depuis longtemps; c'est pourquoi ils achètent chaque année une très grande quantité d'engrais pulvéru-

lents : du guano, du superphosphate de chaux, des tourteaux etc., matières fertilisantes à l'aide desquelles ils
assurent la réussite des navets et activent la végétation de
l'orge, du blé d'hiver et du ray-grass.

Mais nous comptons pouvoir soutenir notre assolement
sans achat d'engrais; pour cela, nous ajouterons une cin-
quième sole que nous occuperons par une prairie artificielle
vivace : une luzerne ou un sainfoin. Cette sole sera placée en
dehors de l'assolement.

Cette sole sera suffisante pour combler ce déficit qui existe
entre la production et la consommation du fumier, si elle
produit 7,000 kilos de foin par hectare : car, 70 quintaux multipliés par 150 kilos égalent 10,000 kilos de fumier.

Les vingt hectares occupés par la prairie artificielle permettront donc de fabriquer, chaque année, un excédant total de 200,000 kilos de fumier.

Si la terre donne les produits que nous avons supputés,
nous disposerons annuellement de la quantité de foin suivante :

20 hectares de betteraves équivalant à. . .	240,000 kil.
20 — de trèfle donnant	120,000
20 — de luzerne.	140,000
	Total	500,000 kil.

Il y a six chevaux dans notre ferme, ils consommeront par
an 6 × 15 kil. × 365 jours = 32,850 kil.

Il nous restera donc 500,000 kil. — 32,850 = 467.150 kil.
qui seront destinés aux animaux de rente.

Si chaque vache ou bœuf reçoit par an 7,300 kil. de foin,
les 467,150 kil. qui nous restent nous permettront d'entretenir journellement 467,150 : 7,300 = 63 têtes de bétail. Or,

6 chevaux de 600 kil. = ...	3,600 kil.
63 têtes de bétail de 500 kil. —	31,500
Total du poids vivant	35,100 kil.

Ainsi, à l'aide de 60 hectares consacrés à des cultures fourragères productives, nous pourrons, sur notre ferme de 120 hectares, entretenir 351 kilos de poids brut ou trois quarts de tête de gros bétail par hectare.

Cet assolement engage un capital assez élevé, parce qu'il oblige à faire de grandes avances à la terre et qu'il nécessite un nombreux bétail. Voici à quel chiffre doit s'élever le capital d'exploitation.

Il faut, d'après les comptes de culture qui nous ont été donnés dans le cours d'économie rurale, environ :

Betterave, par hectare.	700 fr.
Orge, avoine, —	200
Trèfle, —	100
Blé, —	400
Luzerne, —	100
Moyenne	300 fr.

Soit pour les 120 hectares.	30,000 fr.
Chevaux : 6 × 800 fr.	4,800
Bétail : 63 têtes à 250 fr.	15,750
Mobilier	5,000
Fermage	8,000
Total.	63,550 fr.

Le capital nécessaire est de 635 fr. 50 par hectare.

Le capital engagé est de 48 pour 100, et le capital libre de 52 pour 100, savoir :

A. *Capitaux engagés.*

Animaux de rente	24 p. 100	=	125 fr. 40
— de trait	8 —	=	50 fr. 80
Mobilier.	8 —	=	50 fr. 80
Engrais	8 —	=	50 fr. 80
Totaux.	48 p. 100.		304 fr. 50

B. *Capitaux libres.*

Main-d'œuvre.	10 p. 100	= 63 fr. 50
Denrées en magasin	10 —	= 63 fr. 50
Entretien du mobilier	8 —	= 50 fr. 80
Valeur locative.	14 —	= 88 fr. 90
Frais généraux.	2 —	— 12 fr. 70
Assurances, impôts, etc.	8 —	= 50 fr. 80
Totaux.	52 p. 100.	330 fr. 20

La valeur des engrais et de la main-d'œuvre, les dépenses exigées par l'entretien du mobilier, les frais généraux, les impôts, les assurances, les prestations et la valeur des denrées en magasin forment un total qui est égal au capital moyen exigé pour la culture des plantes de l'exploitation.

TROISIÈME DIVISION.

SPÉCULATIONS.

CHAPITRE PREMIER.

Nous allons étudier dans ce chapitre les différentes spéculations que nous permet notre assolement, et principalement la question qui nous a été posée par notre professeur de zootechnie, M. Dubos. La voici :

Quelle race de moutons adopterez-vous dans votre exploitation?

Quel produit en retirerez-vous?
Quel bénéfice en obtiendrez-vous?

Notre assolement ne nous permettra pas la multiplication ni même l'entretien des bêtes ovines pendant un certain temps, car il offre à ces animaux un parcours très limité. Tout ce que nous pourrons faire, ce sera d'acheter en été un petit lot de bêtes adultes destinées à être engraissées l'hiver suivant.

Nous achèterons le mouton du pays *métis mérinos;* il se vend, maigre, de 28 à 30 fr. sur le marché de Meaux.

Nous venons d'établir que nous pouvons entretenir 63 têtes de bétail de rente; or, comme nous aurons 18 vaches laitières, huit bœufs de travail et 6 porcs équivalant à une tête de bétail, il ne nous reste que 36 têtes de bétail pour nos moutons. Or : 10 moutons équivalant à une tête de bétail, nous ne pourrons en avoir que 360.

Ce troupeau, à partir de juillet, août, pâturera la quatrième sole et y vivra jusqu'à l'époque de l'arrachage des plantes-racines. Alors nous le conduirons sur la division occupée par la première sole, afin qu'il utilise les collets et les feuilles de betteraves qu'on aura laissés sur la terre. Après ce pâturage et à l'époque de l'apparition des pluies d'automne, nous le confinerons dans la bergerie et nous commencerons son engraissement.

Une fois à l'étable nos moutons recevront par jour 1 mètre cube 1/2 de *provende* (on nomme ainsi, à Rouvres, un mélange de betteraves hachées et de menue paille). Cela fera 1,500 : 360 = 4 litres 16 par mouton, nous ajouterons à la fin de l'engraissement un litre d'avoine par tête et nous donnerons de la paille à discrétion.

La production de la viande est aujourd'hui l'objet important. La laine n'étant plus qu'une chose tout à fait accessoire (on trouve difficilement preneur, dans le canton de Betz, de belles laines à 0 fr. 60 et même à 0 fr. 50 le demi-kilog.), nous ne nous en occuperons pas.

Maintenant, la laine est à la viande ce que dans la culture des céréales la paille est au grain, et il serait aujourd'hui aussi imprudent de vouloir obtenir de bonne laine aux dépens de la viande, qu'il le serait de chercher à obtenir de bonne paille aux dépens du grain.

Sitôt l'engraissement fini, nous dirigerons notre troupeau sur la capitale, où nous espérons pouvoir le vendre facilement à raison de 45 à 48 fr. la tête.

Chaque mouton nous aura coûté :

Dépenses journalières par mouton.

3 litres 16 de provende à 0 fr. 001	—	0 fr. 003
1 litre d'avoine	=	0 fr. 050
Paille environ 500 grammes	=	0 fr. 010
Pâturage évalué en moyenne à	—	0 fr. 020
Frais divers	=	0 fr. 040
Total		0 fr. 123

Nos 360 moutons resteront 3 mois au pâturage, mi-juillet, août, septembre, mi-octobre.

Dépenses d'un mouton pendant trois mois.

90 jours de pâturage à 0 fr. 02	=	1 fr. 80

Après cela le troupeau restera à l'étable encore trois mois. On aura comme dépense :

Provende (3 litres 16 × 0,001) 90 jours . .	=	0 fr. 27
Avoine, 1 litre à 0 fr. 05 × 90 jours	=	4 fr. 50
Paille, 500 gr. par jour : 0,01 × 90 jours. .	=	0 fr. 90
Frais divers : 0,04 × 90 jours	=	3 fr. 60
Total des dépenses par mouton . .		9 fr. 27
Prix d'achat		30 fr.
Dépenses		9 fr. 27
Prix de revient d'un mouton . . .		39 fr. 27

mettons 40 francs.

Comme nous espérons pouvoir vendre nos moutons de 40 à 45 fr. et que les frais de transfert à la capitale ne dépasseront guère 1 fr. par mouton, nous gagnerons 4 fr. par tête.

Soit 1,440 fr. de bénéfice sur notre troupeau.

De plus, nous aurons encore leur fumier; ce n'est pas le moins important.

En revanche, si notre assolement nous empêche de nous étendre sur la production du mouton, il nous permet de spéculer sur l'engraissement des bêtes bovines et la production du lait, car il nous fournit en abondance des fourrages secs et humides. Mais comme nous ne pouvons vendre notre lait que 0 fr. 15, nous ferons surtout de l'engraissement.

En hiver, nous ferons consommer les navets, les carottes et la pulpe fournie par les betteraves que nous livrerons à la sucrerie; et à partir du mois de mai jusqu'au mois de septembre, nous donnerons à nos bovinés, de la luzerne et du trèfle en vert. En automne, nous leur donnerons de la pulpe mélangée avec du foin et de la paille hachée, le tout assaisonné de quelques poignées de gros sel.

Le foin que nous récolterons suffira, comme nous l'avons vu, aux besoins de nos animaux de travail et de rente, auxquels nous donnerons des racines et des pulpes.

CHAPITRE II.

MATÉRIEL.

Les dépenses en matériel agricole doivent être surveillées avec le plus grand soin. C'est de l'argent qui ne profite pas.

Nous n'achèterons, au début, que les instruments, les appareils et les machines dont nous aurons réellement besoin. Le reste sera introduit sur le domaine quand la nécessité l'exigera; nous ferons en sorte de ne pas oublier cette importante maxime agricole : *Les cultures doivent seules appeler les instruments et les machines.*

Nous n'aurons que des instruments simples, solides et d'une conduite facile; nous ne regarderons pas au prix d'un instrument bien construit et nous n'hésiterons pas à l'acquérir, s'il est *nécessaire* et s'il doit contribuer à *diminuer* les capitaux engagés par les cultures.

Voici la liste des instruments que nous aurons à notre entrée en ferme :

Machines et instruments existant déjà dans la ferme :

3 Charrues,

4 Herses, 2 en bois et 2 en fer,

1 Extirpateur,

2 Rouleaux, 1 en tôle et 1 en bois,

1 Houe à cheval (système Bajac),

1 Semoir Smith,

4 Gimbardes,

3 Tombereaux.

1 Petite voiture à bras,

1 Hache-paille,

1 Coupe-racines,

1 Bascule portative,

1 Machine à battre et son manège.

Plus une série d'instruments à main, tels que pioches, pelles, bêches, râteaux, bidents, etc., etc.

A cette liste nous ajouterons :

2 Bisocs pour décoiguer,

1 Faucheuse mécanique (Albaret),

1 Moissonneuse mécanique,

1 Râteau à cheval.

CHAPITRE III.

ORGANISATION DU TRAVAIL.

Personnel.

Quelques perfectionnements qu'on apporte à la mécanique agricole, on ne pourra jamais, par les machines, réduire l'emploi des forces humaines au même rôle que dans l'industrie.

En industrie, l'ouvrier est en quelque sorte le serviteur des machines; il faut qu'il obéisse à leurs mouvements. En agriculture, au contraire, le travail des machines dépend de l'habileté de l'ouvrier conducteur.

Dans la petite culture, l'emploi des forces humaines est aussi facile à organiser et aussi fructueux que possible. La raison en est simple; c'est qu'ici le travail est fourni par le père, la mère, les enfants, et que le fruit de ce travail doit appartenir en nature aux travailleurs. Si la famille agricole travaille sur son propre bien, la perspective des améliorations foncières la stimule encore. Ici, le sentiment de l'intérêt agit dans toute sa force et, comme il n'y a pas de salaire à payer, tout est profit pour peu que l'exploitation soit conduite avec intelligence.

Quant à la culture grande ou moyenne il lui faut absolument recourir aux agents salariés. Il résulte de là certaines difficultés qu'on ne peut vaincre que par une excellente direction.

Cette direction comprend : l'*organisation*, la *surveillance*, la *rémunération*, la *réprimande*, l'*éloge*, l'*exemple*.

Le travail étant le grand moteur de l'usine agricole, son

organisation est donc la base de toute combinaison culturale.

Le premier point est d'approprier l'homme à l'ouvrage; tous ne sont pas aptes à tout.

Nous aurons égard à l'âge, au sexe, à l'adresse, à la force, au caractère, à la moralité de ceux dont nous disposerons. Nous écarterons avec d'autant plus de soin qu'ils sont plus empressés à se présenter, les gens tarés pour inconduite, infidélité, ivrognerie.

Nous paierons autant que possible nos ouvriers, à la tâche :

1° Parce que la direction du travail à la tâche est évidemment la plus facile;

2° Parce que ce mode de paiement permet aux bons ouvriers de tirer tout le parti possible de leur adresse et de leur force.

Mais une foule de choses se font en agriculture à bâton rompu. Tel serviteur est occupé à dix genres d'ouvrage dans une seule journée, et son travail se mêle sans régularité avec celui de plusieurs autres ouvriers. Dans ce cas, l'appréciation d'une tâche étant impossible, le travail au temps devient une nécessité, nous l'adopterons quand nous ne pourrons pas faire autrement, car la surveillance doit porter non-seulement sur la bonne confection de l'ouvrage, comme pour le travailleur à la tâche, mais en outre sur l'emploi de chaque instant du jour.

Il y a actuellement dans la ferme de Rouvres :

2 charretiers payés 38 fr. par mois et nourris.
1 mécanicien   —   35 fr.   —   —
1 berger   —   38 fr.   —   —
1 vacher   —   90 fr.   —   —
1 jardinier   —   75 fr.   —   sans nourriture.
4 calverniers   —   30 fr.   —   et nourris.
3 femmes   —   30 fr.   —   —
1 aide   —   25 fr.   —   —

Ce personnel nous paraissant plus que suffisant, nous ne croyons pas qu'il y ait lieu de l'augmenter.

CHAPITRE IV.

FORCES ANIMALES.

Pas de bœufs, granges vides ; bœufs vigoureux,
moissons abondantes.

(SALOMON, *Proverbes.*)

Personne n'ignore que les forces animales suppléent économiquement aux forces humaines pour une multitude d'ouvrages agricoles, tels que labours, hersages, charrois, etc.

On sait que les animaux travailleurs sont de plusieurs espèces et que dans chaque espèce ils forment diverses catégories.

Nous allons, tout d'abord, choisir l'espèce la mieux appropriée aux circonstances dans lesquelles nous nous trouvons.

Comme on l'a vu dans les préliminaires, les environs de Rouvres sont fort accidentés, les chemins difficiles et les montées rapides ; de plus, par suite de la nature argileuse des terres, la résistance des labours est très forte.

Malgré toutes ces difficultés, on n'emploie que des chevaux dans le canton ; nous ne croyons pas devoir suivre cette méthode qui, à notre avis, est ruineuse pour le cultivateur. Nous emploierons les bœufs, parce qu'une foule de choses militent en leur faveur :

1° Parce que, étant à deux pas d'une sucrerie, nous disposerons d'une grande masse de résidus qui conviennent parfaitement aux bœufs ;

2° Parce que la nourriture est moins dispendieuse en ce que la ration d'avoine ne leur est pas nécessaire comme aux chevaux ;

3° Parce que la dépréciation, par suite de l'âge, est insignifiante ; tandis que, passé cinq ans, le cheval perd chaque année une portion notable de sa valeur ;

4° Tout le monde sait que le bœuf employé comme force motrice a sur le cheval le grand avantage d'être plus doux, plus docile et surtout de ne jamais se rebuter.

En effet, lorsque la charge à déplacer offre trop de résistance, on voit le cheval donner force coups de colliers, s'impatienter bientôt, et finalement se rebuter sans être arrivé à aucun résultat.

Au contraire, le bœuf y va avec plus de calme, déploie lentement toutes ses forces et réussit toujours à déplacer les lourds fardeaux qu'on lui donne à traîner.

5° Parce que nous comptons pouvoir les vendre assez facilement en les envoyant à **Paris** après les avoir un peu engraissés à l'étable.

Notre choix arrêté sur le bœuf, occupons-nous de son harnachement.

Le meilleur harnachement est celui qui permet de faire le plus de travail avec le moins de gêne.

Beaucoup de systèmes ont été employés.

Certaines contrées emploient le joug simple, d'autres le joug double, et les plus habiles, selon nous, se servent du collier.

Mais, que l'on adopte tel ou tel système, le point important est que le harnachement soit parfaitement ajusté au corps de l'animal ; qu'il s'adapte exactement à sa taille et à sa conformation. Sans ces conditions, la gêne se fait bientôt sentir, l'animal s'irrite et ne donne qu'une faible partie de ses forces.

1ᵉʳ Système. — *Le joug double.*

Il se compose d'une pièce de bois très solide, aux extrémités de laquelle est pratiqué un enfoncement pour recevoir la tête de l'animal, que l'on assujettit à l'aide de courroies allant des cornes au joug et réciproquement.

Avec cet engin, les mouvements des bœufs sont gênés.

Ordinairement d'un poids exagéré, le joug oblige les bœufs à avoir constamment la tête baissée, et à garder des positions fatigantes. Il ne peut être employé que lorsque les animaux qu'il réunit ont la même allure.

Nous n'ignorons pas que ce joug a ses avantages. D'abord il est remarquable par son extrême simplicité et son bas prix; ensuite, c'est le moyen le plus facile de dresser les bœufs jeunes ou méchants.

Mais, admettez que l'on se trouve, comme c'est notre cas, dans un pays accidenté où les chemins sont mauvais et la terre difficile à travailler.

Les charrois faits dans de telles conditions placent fréquemment les bœufs dans des positions fort opposées, à tout instant le centre du tirage se déplace. Tantôt l'un des bœufs n'a rien à faire, tantôt il doit supporter toute la charge : c'est un travail qui ne saurait s'effectuer que par saccades. Dans cette espèce de lutte et de contrainte, les poussées produites par l'inégalité du chemin, prélèvent toujours une certaine quantité de forces sur les deux forçats ainsi accouplés; et souvent, il résulte de là des efforts et des écarts d'épaules.

2ᵉ Système. — *Le joug simple.*

Le joug simple, ou demi-joug, a été préconisé par plusieurs cultivateurs du Centre et du Nord de la France; actuellement, c'est le mode d'attelage le plus usité en Allemagne.

D'une construction simple et plus légère, d'un prix relativement bas, il a l'avantage de laisser la liberté des mouvements à l'animal qui développe ainsi plus de force et se fatigue moins qu'avec le joug double.

Le joug simple, laissant les animaux tirer isolément, permet de les atteler à la file l'un de l'autre.

Il a seulement l'inconvénient de ne pouvoir être employé aux voitures à timon ; de plus, il exige des animaux très doux et bien dressés, si l'on veut éviter les accidents.

3e SYSTÈME. — *Le collier*.

Le collier du bœuf diffère tant soit peu du collier du cheval : car, à l'opposé de celui-ci, le bord supérieur de l'encolure du bœuf est beaucoup plus large que le bord inférieur. De là une forme particulière du collier.

Il sera ajusté de manière à ne pas blesser l'animal, et suffisamment large pour ne pas gêner sa respiration.

Il s'ouvrira par le bas, car il serait impossible, vu la présence des cornes, de le passer par la tête.

Mais, nous objecteront les partisans du joug :

« Où se trouve la force du bœuf? »

« N'est-elle pas absolument dans la tête? »

Nous répondrons que c'est là une grave erreur.

Dans l'action du tirer, ce sont tout à la fois les muscles de l'encolure, des épaules et des jambes qui agissent, qui travaillent réellement et simultanément.

Que doit-on conclure de cela? C'est que le collier est le seul engin qui laisse ces parties du corps en contact avec les harnais, et que, par conséquent, la traction, l'effort produit par la puissance musculaire de ces régions, se transmet plus directement et plus intégralement aux harnais du tirage.

On reproche au système du collier d'être plus compliqué et plus dur.

En effet, son emploi nécessite un harnachement complet,

avec sellette et avaloires, ce qui occasionne une plus grande dépense. Mais cette dépense n'est-elle pas largement compensée par une marche plus rapide, plus régulière et plus assurée.

Il n'est pas nécessaire que les bœufs soient appareillés, égaux en taille et en force comme avec le joug. D'un autre côté, on a l'avantage de pouvoir faire servir le même chariot aux bœufs et aux chevaux, tandis qu'avec le joug double il faut au véhicule un autre timon, lorsqu'il doit être mené par des bœufs.

Mathieu de Dombasle, Arthur Young et Magne, si compétents dans les questions agricoles, nous disent de même : « Qu'ainsi harnachés, les bœufs font des labours plus réguliers qu'avec le joug; la vitesse de leurs membres, ajoutent-ils, égale celle des chevaux, et ils sont très facilement domptés, pourvu qu'on n'emploie pas la brutalité à leur égard. »

Tous ces avantages ne nous empêcheront pas de garder quelques chevaux pour les travaux légers et les charrois rapides, et en combinant les travaux de façon que chaque bête ait son emploi, nous croyons pouvoir arriver à un bon résultat.

CHAPITRE V.

DU BÉTAIL.

> C'est comme un corps sans âme qu'une
> métairie sans bestail.
>
> (OLIVIER DE SERRES.)

Caton, à qui on demandait quelle est en agriculture la source la plus certaine de profit, mettait en première ligne l'excellent entretien des troupeaux; en seconde ligne, leur entretien médiocre. Cette assertion peut être admise plus aujourd'hui que jamais dans la plupart des exploitations agricoles. La prospérité du domaine ne dépend-elle pas en grande partie des animaux, lesquels, étant bien nourris, donnent l'engrais et le travail indispensables à l'entretien de la fécondité de la terre.

Ces serviteurs, ces auxiliaires de l'homme, sont les premiers agents de nos bénéfices. Nous aurons pour eux une sorte de reconnaissance et d'affection, nous serons doux à leur égard; cela n'exclut ni la fermeté ni la prudence; nous nous efforcerons d'être patients et de corriger le plus rarement possible. Nous les habituerons à l'obéissance dès les premiers mois de leur vie. « *La jeune branche se redresse sans grands efforts; mais le gros bois, jamais,* » disent les Arabes au sujet de leurs chevaux. Ce précepte s'applique à toute espèce d'animaux.

Voilà pour l'éducation morale ; passons aux soins physi-
ques.

Tout être vivant éprouve naturellement le besoin de la
propreté. Pourquoi cet instinct général? C'est que la saleté
nuit aux fonctions de la peau et par là même à la santé. Le
bétail doit donc être tenu très proprement.

A l'étable, afin d'absorber les déjections et de procurer à
nos animaux un coucher moëlleux, nous étendrons sous eux
une abondante litière de paille, puis nous répandrons dessus
quelques poignées de gypse en poudre afin de fixer l'ammoniaque.

Nos chevaux, nos bœufs, nos vaches seront étrillés et
brossés avec soin.

Les bestiaux souffrent des vents violents, de la fraîcheur
continue, de l'ardeur du soleil. A l'étable, ils redoutent le
froid très rigoureux ou humide, les courants d'air, une at-
mosphère étouffante. Dès lors, pendant l'été, aux heures de
grand soleil, nous les tiendrons à l'ombre, nous réservant de
les faire pâturer et travailler le soir, le matin, la nuit. A l'approche des pluies et des orages, nous les mettrons à couvert;
en hiver nous fermerons les étables afin d'y maintenir une
température de 12 à 15° au-dessus de zéro, tout en maintenant ouverts les soupiraux destinés à renouveler l'air. Ce
point est de la plus haute importance. Suivant les calculs de
M. Dubos (professeur de zootechnie à l'Institut agricole de
Beauvais), un cheval du poids de 500 kilos absorbe en 24 heures
5,270 litres d'oxygène; il dégage un égal volume d'acide car-
bonique et fait entrer dans ses poumons 125 mètres cubes
d'air, qui en altèrent un volume quatre ou cinq fois plus considérable. Ce qui prouve que rien n'est plus malsain qu'une
étable complètement close.

Si un animal devient malade, nous le séparerons de suite,
nous le mettrons à la diète, nous lui donnerons à boire de
l'eau blanche, et nous le tiendrons chaudement en attendant
l'arrivée du vétérinaire si nous jugeons le cas grave; pour les

maladies simples, nous les traiterons nous-même, et pour cela, nous aurons dans notre ferme une petite pharmacie comprenant : du sel de glauber (sulfate de soude), du sel de nitre (azotate de potassium), de la racine de gentiane, des fleurs de camomille, de l'essence de thérébentine, de l'ammoniaque ou alcali volatil ; une flamme avec lames de trois dimensions pour saigner, un bistouri, des ciseaux courbes, une sonde élastique pour la météorisation du bétail à cornes.

CHAPITRE VI.

ALIMENTATION DU BETAIL.

> Un très petit nombre d'animaux aux-
> quels on donne du fourrage à satiété, rend
> plus au maître que le troupeau le plus nom-
> breux, si la pénurie se fait sentir.
>
> (COLUMELLE.)

Presque aucun aliment, à l'exception du lait, ne tient as-
similables en juste proportion les divers principes nécessaires
à la nutrition. C'est par le mélange de denrées de nature
diverse, qu'on parvient à établir un régime parfait. D'autre
part, cette variété entretient l'appétit de l'animal.

Parmi les substances qu'il convient de réunir, il en est dont
le rôle principal est d'augmenter le volume des autres et de
servir en quelque sorte de *lest*. En effet, lorsque l'estomac ne
se trouve pas suffisamment rempli, l'animal dépérit par suite
de tiraillements douloureux. Plus le tube digestif est étendu,
plus le lest est nécessaire. Le bœuf, la brebis, la chèvre l'exigent plus que le cheval, l'âne et le mulet; ces derniers animaux en ont plus besoin que le porc.

Dans une même espèce, comme avec l'âge le tube digestif
tend à se distendre et à devenir plus vaste, ce sont les sujets
les plus âgés qui doivent recevoir la nourriture la plus vo-
lumineuse relativement aux sucs nutritifs. Au contraire, il
est essentiel que les animaux reçoivent dans le premier âge
des aliments peu volumineux et très nutritifs. C'est sous

l'influence d'un tel régime que le corps s'élargit et que les muscles prennent un développement convenable.

Si nous en venons à l'application de ces principes, nous diviserons les aliments du bétail en trois classes, savoir :

1° Fourrages secs et pailles;

2° Légumes verts, résidus humides, fourrages verts;

3° Grains, son, tourteaux, etc.

C'est dans une mesure restreinte qu'on peut, pour la nourriture d'un animal, remplacer sans aucun inconvénient des aliments d'une classe par ceux d'une autre; et si l'on excepte les cochons, qui ne mangent ni fourrage sec ni paille, le mieux est de réunir dans un même régime des substances des trois catégories. Du moins doit-on s'efforcer d'associer des aliments de l'une des deux dernières avec ceux de la première; ainsi, joindre aux fourrages secs et aux pailles, soit des légumes verts, des résidus humides ou des fourrages verts, soit du grain ou des tourteaux. Du reste, ces combinaisons doivent se rapporter à l'âge et à la destination des animaux.

Nous appuyant sur ces données, nous donnerons très peu de paille aux jeunes sujets et nous leur choisirons dans les autres classes les aliments les plus nutritifs. Nous stimulerons l'avidité du bétail que nous engraisserons par une grande variété de nourriture; à mesure qu'il prendra plus d'obésité, nous lui présenterons tout ce que nous pourrons trouver de plus facile à digérer. Ce régime exceptionnel se composera de tourteaux, parce qu'ils possèdent un principe huileux qui se change facilement en graisse dans le corps de l'animal : nous en donnerons 500 grammes à nos bœufs au commencement de l'engraissement, et 2,000 grammes vers la fin; 50 grammes aux moutons jusqu'à 200 grammes pour achever l'engraissement.

Pour le même motif nous emploierons les graines oléagineuses, en particulier celle de lin. Nous composerons, pour nos bœufs à l'engrais, le mélange suivant :

Nous ferons bouillir 1 kil. de farine de graine de lin dans quinze litres d'eau, puis nous mêlerons la masse gélatineuse qui en résultera avec deux kilos de farine et quatre kilos de paille hachée.

Nous donnerons peu de substances fermentées aux femelles laitières, mais une certaine proportion d'aliments aqueux, car la sécrétion du lait absorbe beaucoup d'eau et, si le liquide manque, la source mammaire devient pauvre. Au contraire, nos animaux de travail recevront des substances très peu délayées et joignant à des facultés nutritives prononcées un principe aromatique excitant. Ex. : le fourrage sec de luzerne et de sainfoin, le panais, la carotte, l'avoine.

Quelque soit le genre d'animaux, lorsque nous remplacerons certains aliments par d'autres plus nutritifs et moins volumineux, par exemple, le foin par de l'avoine ou l'avoine par un grain plus nourrissant encore, tel que l'orge ou la fève, nous ajouterons un supplément de paille, afin de procurer à l'animal un lest proportionnel au volume de ses intestins.

Au soin de varier la nourriture, nous joindrons celui de la distribuer : 1° très régulièrement, afin que le bétail ne se tourmente pas en l'attendant; 2° à des heures telles que chaque repas soit donné après la digestion complète du repas précédent; 3° par petites portions; afin d'éviter les pertes.

Nous effectuerons graduellement tout changement de régime, afin que l'estomac du bétail s'habitue sans peine aux nouveaux aliments qui lui seront offerts.

Afin d'assurer la régularité des consommations, nous mesurerons et pèserons tout exactement.

Les tubercules et racines seront lavés avec soin, puis coupés en petits morceaux et mélangés avec de la menue paille.

Nous aplatirons l'avoine afin de la rendre plus digestive.

Les tourteaux seront broyés.

Afin de mieux utiliser les pailles et les fourrages en les

mêlant avec d'autres substances, nous les hacherons; ces pailles et fourrages hachés, ainsi que les balles de céréales seront battus dans un secoueur de façon à les purger de toute poussière.

Le coupe-racines, le hache-paille, le concasseur, le secoueur, seront mis en activité par un seul moteur. A cet e et, toutes ces machines seront établies sur une même ligne afin de pouvoir être commandées par le même axe au moyen de courroies.

A défaut d'eaux courantes, qui sont les meilleures, nous donnerons de l'eau de puits après l'avoir préalablement fait aérer dans des réservoirs construits à cet effet; car, en été. une boisson très froide peut causer de graves accidents, particulièrement aux animaux de travail, qui reviennent couverts de sueur. Pendant les gelées, nous adoucirons par de l'eau chaude la boisson du bétail, surtout celle de nos vaches, qui ne boivent pas assez à cause de la température glacée du liquide, et rien n'est plus contraire à l'abondante sécrétion du lait.

M. Baudement a dit : « L'alimentation du bétail est le problème capital de la zootechnie, le plus important et le plus difficile à résoudre, c'est-à-dire la zootechnie toute entière. »

En France, comme on n'accorde presque jamais assez de temps à cette partie si importante du service rural, les animaux coûtent souvent plus qu'ils ne produisent; ce qui a fait dire quelquefois que *le bétail est un mal nécessaire*. Il n'est pas de dicton plus faux que celui-là et ce préjugé absurde est en outre des plus malheureux; car si l'on considère le bétail comme un inconvénient, on ne peut avoir pour lui nulle sollicitude ; or, c'est justement la sollicitude qui détermine à donner aux animaux les soins convenables, ces soins desquels le profit dépend au plus haut degré.

ÉCURIE (*6 chevaux*).

> Toute race exotique exige plus de soins
> que la race indigène. Pour prospérer, l'une a
> besoin d'une attention soutenue, l'autre est
> façonnée à la misère.
>
> (JACQUES BUJAULT.)

Nous appuyant sur cette remarque de Jacques Bujault, nous prendrons la race du pays, c'est-à-dire le cheval boulonnais un peu aminci par l'alimentation locale, par son corps court, sa croupe et son poitrail très larges, son encolure courte arquée et épaisse; il se prête très bien aux dures travaux que l'on exige de lui, ayant à la fois la propriété de marcher vite et de traîner lourd.

Nous les ferons venir du Pas-de-Calais et nous les paierons adultes de 800 à 1,000 fr.; nous les revendrons au bout de trois ou quatre années de service afin d'avoir toujours des animaux jeunes et vigoureux.

SOINS. — Chaque matin, nos chevaux, au nombre de six, seront pansés, pour les débarrasser du mélange de sueur et de poussière qui obstrue les organes de la transpiration et provoque une foule de maladies. Au retour d'un travail fatigant nous veillerons à ce qu'ils soient bouchonnés avec soin afin de les sécher et éviter ainsi les accidents. De temps en temps, on coupera les crins de la crinière, du toupet, de la queue et des jambes quand ils seront trop longs; on graissera aussi les sabots.

Le bâtiment servant d'écurie étant trop long, nous le diviserons en deux, une partie sera réservée pour nos bœufs et nous économiserons ainsi les frais de construction d'une bouverie. Les murs seront blanchis à la chaux et les râteliers seront placés verticalement; penchés, la graine et la poussière du foin tombent sur la crinière des chevaux ou dans la litière; dans le premier cas, cela rend très difficile le nettoyage du cheval; dans le second, le fumier est plein de graines qui lèveront lorsqu'on l'emploiera.

Les chevaux ayant besoin de beaucoup d'air pendant qu'ils sont à l'écurie, nous établirons des barbacanes à chaque extrémité afin d'en renouveler constamment l'air vicié.

NOURRITURE. — La nourriture la plus utile pour les bestiaux, est le foin de bonne qualité. Il emplit leur estomac mieux que le grain qu'il ne serait pas possible de leur donner seul, sous un volume égal, et les nourrit mieux que toutes les racines; car on a observé que la quantité de racines nécessaires pour remplacer une quantité de foin donnée, s'élevait presque au quintuple du poids de celui-ci.

Au foin nous ajouterons l'avoine qui est la nourriture par excellence du cheval. Nous en donnerons cinq kilos par jour et par tête en moyenne, car nous établirons une différence de ration suivant le travail, la taille et le poids. Si elle est fraîchement récoltée, nous ajouterons à chaque ration 12 à 15 grammes de sel pour éviter l'inflammation. Pendant les grandes chaleurs de l'été nous remplacerons l'avoine qui est trop échauffante par de l'orge.

Comme rafraîchissement, nous donnerons de l'eau de son ou de l'eau blanche (farine d'orge), plus nourrissante que celle de son.

Afin d'économiser notre avoine nous la mélangerons avec de la vesce, fève ou féverole concassées; trois boisseaux de féveroles valent, dit-on, au point de vue de l'alimentation, quatre boisseaux d'avoine; mais nous n'abuserons pas de cette nourriture qui est trop échauffante.

Voici la quantité de nourriture que nous donnerons à nos chevaux.

Pendant l'hiver.	Foin	8 kilog. par jour.	
	Avoine	5	—
	Paille.	5	—
	Son.	3	—
Pendant l'été.	Trèfle vert	40	—
	Avoine	7	—
	Paille.	5	—

Les changements de régime auront lieu graduellement, comme nous l'avons expliqué au chapitre de l'alimentation.

BOUVERIE (8 *bœufs*).

Les voyez-vous, les belles bêtes,
Creuser profond et tracer droit,
Bravant la pluie et les tempêtes,
Qu'il fasse chaud, qu'il fasse froid.
(PIERRE DUPONT.)

Le bœuf est un animal précieux dans l'agriculture. Il est fort, vigoureux, moins sujet aux maladies et aux accidents que le cheval. Sa nourriture est moins chère. Mort, il fournit une viande des plus nourrissantes. Sa chair peut se conserver à l'état salé ou fumé; tandis que son sang, son suif, ses cornes, ses os et sa peau sont employés par différentes industries.

Nous adopterons la race charolaise comme convenant la mieux à notre région et à la boucherie.

Le bœuf charolais n'a pas besoin qu'on fasse son éloge, sa réputation est établie depuis longtemps; il suffit de faire ressortir par une énumération rapide les avantages de la conformation de la race améliorée.

Il a la tête conique, large à la partie supérieure et ayant son chanfrein droit ou légèrement camus, avec de larges voies respiratoires; le haut du front plat, surmonté de cornes rondes, longues, d'un blanc d'ivoire, dirigées en avant et un peu relevées vers la pointe; ses yeux grands, saillants et doux; des joues fortes et paraissant déborder latéralement la région frontale quand l'animal est vu de face; le dessous de la gorge bien fourni et simulant une sorte de double ou triple menton; des oreilles larges, relevées et peu fournies de poils; l'encolure peu chargée et dépourvue de fanon; la ligne dorsale droite et garnie de muscles dans les dernières limites du possible, le rein large, épais. Les côtes longues et les hanches effacées, mais aussi larges que possible, ainsi que la croupe et la culotte, dont le développement ne saurait être trop exagéré ni descendre trop bas sans se désunir jusque vers le jarret; la queue courte, fine à l'extrémité, peu garnie dans la région du fouet, large à la base et s'arrondissant avec les ischions sans former aucune saillie notable; membres solides, bien d'aplomb et d'une longueur à peu près égale au tiers de la taille du sujet; le tronc volumineux et arrondi sur tous les angles, la ligne du dessous à peu près parallèle à celle du dos et des reins, et se prolongeant jusqu'au bas de la culotte, ce qui donne au système digestif une certaine prépondérance; la rotule noyée dans le pli du grasset qui ne saurait descendre trop bas sur le tibia et le coude empâté dans les chairs; la peau d'épaisseur moyenne; mais toujours d'une grande souplesse et recouverte d'un poil fin, lustré et peu fourni.

Pendant l'été, nous nourrirons nos bœufs avec des fourrages verts, de la paille et du son. Une fois les travaux d'automne finis, nous les engraisserons avec des pulpes et des tourteaux, après quoi nous les dirigerons vers la capitale pour y être livrés à la boucherie.

VACHERIE (18 *bêtes*).

Comme vache nous garderons la flamande qui est à juste titre très appréciée dans le Valois et le Multien. Nous la choisirons aussi pure que possible.

CARACTÈRES. — La taille de la belle vache flamande varie de 1 mètre 35 à 1 mètre 45 au garrot; le poids de la bête adulte non engraissée est de 450 à 550 kilos poids vif.

La tête est d'un volume moyen, mais fine et d'une forme conique un peu longue; le chignon peu garni de poils; les cornes, écartées à leur naissance, fines à la base et dans toute leur étendue, se projettent en avant et un peu en bas, de manière que, dans certains sujets, elles se recourbent et la pointe arrive à toucher le front; elles sont petites, blanches ou jaunâtres, et noires à l'extrémité; l'oreille est mousse, assez grande, garnie de poils fins; les yeux sont noirs et saillants, d'une expression douce; le chanfrein long et ordinairement droit, est terminé par un mufle peu sorti, dont le *miroir* est noir ou marbré.

Le cou, relativement long et mince, a peu de fanon; le *brisket* (partie antérieure du sternum couvert d'une masse fibro-adipeuse) est saillant et bien descendu.

Le garrot, suffisamment fourni dans les bons types de Bergues, est généralement assez mince dans les bêtes ordinaires: la ligne du dos est droite, laissant fréquemment apercevoir, à la jonction du dos aux reins, une légère dépression due à l'écartement des vertèbres; cette dépression est considérée dans le Multien comme un signe de qualité laitière.

La queue est fine et longue: le goupillon est faiblement garni.

La poitrine est sensiblement étroite et sanglée; les côtes sont un peu plates dans beaucoup de vaches flamandes, les bons types de Bergues et de Cassel tendent à perdre ces défauts; le ventre est d'un volume moyen, mais ample vers les flancs et la région mammaire, dont les veines sont développées et parfois bifurquées.

Les mammelles grosses, arrondies, souvent d'une couleur brune ou tigrée, sont bien placées; les trayons moyens, la peau en est fine et duvetée.

La peau du périnée est assez souvent jaunâtre ou brune, onctueuse et marquée, d'après le système Guénon, de l'écusson, flandrin ou lisière. Il y a cependant à Rouvres des vaches flamandes fort belles donnant vingt litres de lait par jour et dont l'écusson est cordiforme ou équerriforme.

L'épaule est dans les sujets ordinaires un peu plate et médiocrement musclée, les avant-bras peu volumineux, les canons minces, la corne des onglons noire, la cuisse plate et la fesse peu descendue; on trouve quelques exceptions dans les beaux sujets de Bergues et de Cassel.

La peau fine, chez la bête nourrie à l'étable, est plus épaisse quand l'animal a été soumis au pâturage; le système ganglionnaire, très développé, s'y manifeste souvent par les cordons lymphatiques du flanc (ou *cordons beurrins*) des ganglions dans le creux de cette même région.

La robe rouge-brun, ordinairement plus foncée vers la tête, laisse apparaître, soit à la tête, au flanc et à l'ars, des taches blanches ou tigrées; les vaches ainsi marquées en tête, et principalement à la joue, sont dites barrées, c'est un signe de race.

On trouve cependant en Flandre beaucoup d'animaux d'un rouge plus clair ou d'un brun plus foncé, d'autres rouges ou pie-rouge; mais il convient de considérer la robe rouge-brun comme le cachet de la race.

NOURRITURE. — A de fortes quantités d'eau, la nourriture des vaches laitières doit réunir suffisamment d'*albuminoïdes,* de *saccharoïdes* et de *corps gras* pour fournir le caséum, le sucre, le lait, le beurre et les matières minérales nécessaires pour constituer un lait de bonne qualité.

En été, nous donnerons des *vesces* mélangées à du *trèfle* ou à de l'*avoine*; de la *luzerne*, du *trèfle*, des *choux*, etc.

En automne, les *regains* formeront la base de la nourriture de nos vaches avec des *carottes* et des *fanes de topinambours*.

En hiver, les *foins* fournis par les *légumineuses*, la *paille d'avoine*, les *menues pailles* mêlées avec des racines de *betteraves, panais, carottes, navets;* les tubercules *pommes de terre, topinambours*.

Enfin les *cossettes de betterave* macérées; des grains moulus, des tourteaux écrasés.

Nous mélangerons aux fourrages quelques plantes aromatiques telles que : les *labiées*, les *ombellifères*, et les composées aromatiques, le *thym*, la *sauge*, le *cumin des prés*, le *persil*, le *céleri*, le *fenouil*, l'*achillée*, les *baies de genièvre* (toniques et excitantes), afin de donner au laitage une odeur et une saveur agréables.

Nous n'oublierons pas non plus le sel qui excite l'appétit et rend les fourrages sapides.

Les rations des vaches laitières sont et doivent être très diversement composées, et le plus souvent elles le sont, avec des aliments — drèche, farineux divers, pulpes, etc., — dont il serait difficile d'évaluer la composition chimique. Nous croyons utile cependant de donner quelques formules, pour démontrer comment les substances alimentaires doivent être associées pour fournir aux vaches les principaux éléments du lait, obtenir d'elles un fort rendement tout en les entretenant en bon état.

Nous supposons des vaches de 500 kilos dont la ration d'entretien doit être à peu près de 2 kil. par 100 kil. de poids vivant, soit 10 kil. de foin des prairies naturelles que nous représenterons par 720 grammes albuminoïdes et 2320 grammes de carbone fourni par les saccharoïdes et les corps gras.

C'est sur la composition du lait que nous nous baserons pour établir la ration de production, et à cette occasion nous croyons utile de faire remarquer que la luzerne, dont les bons effets, pour la nourriture des vaches, sont si unanimement reconnus, contient les albuminoïdes et le carbone des éléments respiratoires à peu près dans la même proportion que le lait. Ainsi, 3 kil. de foin de luzerne contiennent autant d'albuminoïdes que 15 litres de lait et autant de carbone que 16 litres.

Nous basant sur ces principes émis par M. Magne, nous donnerons à nos vaches :

Ration d'hiver où dont le foin forme la base :

		Albuminoïdes.	Carbone dans les saccharoïdes et les corps gras.
Foin	5 k.	360	1 k. 160
Balles de froment	5 k.	260	1 k. 180
Betteraves	20 k.	260	680
Remoulage.	1 k. 500	195	420
Tourteaux de colza. . . .	1 k. 500	460	384
Total		1 k. 555	3 k. 824

La ration d'entretien déduite, il reste disponible :

En albuminoïdes, l'équivalent de 21 litres de lait :

En carbone des saccharoïdes et des corps gras, l'équivalent de 23 litres.

Ration d'été où dont les fourrages verts forment la base :

		Albuminoïdes.	Carbone dans les saccharoïdes et les corps gras.
Trèfle vert.	30 k.	910	1 k. 940
Paille d'avoine.	5 k.	95	1 k. 110
Tourteaux de colza. . . .	1 k.	307	256
Remoulage	2 k.	260	560
Total		1 k. 572	3 k. 860

Qui laisse disponible :

En albuminoïdes, l'équivalent de **22** litres de lait;

En carbone des saccharoïdes et des corps gras, l'équivalent de **23** litres.

Ne pouvant faire de fromages à cause de la trop grande concurrence contre laquelle nous ne pourrions lutter qu'en éprouvant des pertes sensibles sans être sûrs d'arriver à un résultat, nous nous contenterons de vendre notre lait 0 fr. 15 le litre aux fabricants spéciaux très nombreux dans la contrée, nous ne ferons pas un gros bénéfice mais au moins nous serons sûrs de ne pas perdre, ce qui est un point capital pour un commerçant.

PORCHERIE.

Le porc est un animal domestique très facile à élever et à nourrir. Non-seulement il peut faire sa nourriture de toutes les substances animales et végétales, mais encore il cherche sa subsistance lui-même, lorsqu'on lui en laisse la liberté. C'est un des animaux les plus utiles et dont le produit est le plus considérable et le plus certain. C'est pourquoi nous en entretiendrons toujours quelques-uns dans notre ferme; nous choisirons le croisement York-shire craonnais, afin d'obtenir le plus de produit possible. En effet, la race craonnaise étant plus féconde que les races anglaises, en augmentera la fécondité; d'un autre côté, la race York-shire étant plus précoce, poussera plus facilement à l'engraissement.

Nous nous arrangerons de façon à n'avoir que deux portées par an afin de ne pas fatiguer nos truies portières; les jeunes gorets seront vendus sur les marchés de Meaux et de Crépy à l'âge de trois mois.

NOURRITURE. — L'avidité du cochon pour toute espèce d'aliment prouve qu'à l'étable son régime doit être varié en conséquence :

Nous donnerons en hiver :

Pommes de terre.	1 k. 500
Carottes.	1 k. 500
Betteraves	3 k.
Farine d'orge.	1 k.
Débris divers.	2 k.
Eaux grasses.	4 k.
Total.	13 k.

Régime d'été.

Pommes de terre.	1 k. 500
Remoulage.	0 k. 700
Petit lait.	2 k.
Tourteau.	0 k. 200
Trèfle.	4 k.
Eaux grasses.	3 k.
Total.	11 k. 400

Nous tiendrons les loges très proprement, la litière en sera fréquemment renouvelée, car, quoi qu'on en dise, le porc aime la propreté ; en tout cas, rien ne lui est plus salutaire que les soins hygiéniques.

BASSE-COUR.

Complément de la maison de campagne, annexe obligée de toute exploitation agricole, la basse-cour a toujours tenu un rang considérable dans les revenus de la ferme. On a essayé de se priver de son secours, mais on s'en est repenti et il a fallu y revenir, parce qu'elle est la corne d'abondance de la ménagère à la campagne. Les bénéfices qu'elle procure sont minimes ; mais ils se répètent chaque jour, et au bout de l'année ils finissent par produire parfois un chiffre respectable.

Comme la basse-cour est, de toutes les parties d'une exploitation agricole, la première qui frappe les regards, nous y apporterons un certain soin. Nous choisirons comme race la Dorking argentée qui est aussi forte et aussi remarquable que notre race de Crèvecœur pour la ponte et l'aptitude à l'engraissement, et qui a de plus l'avantage d'être plus rustique.

Le plumage est gris, tacheté de brun ; la crête est grande et simple ; les doigts de chaque patte sont au nombre de cinq.

Nous y joindrons des dindons, des oies, des canards et des lapins.

Nous laisserons cette gent ailée au milieu de nos animaux ; les volailles, maraudeuses infatigables, ne laissent ainsi rien perdre et savent trouver de la nourriture où les autres dédaignent d'en chercher.

Nous leur donnerons du petit grain, des pommes de terre cuites, du maïs et du son ; de plus, nous les habituerons à suivre les instruments aratoires, de cette façon elles purgeront la terre avoisinant la ferme de beaucoup d'insectes nuisibles et auront en même temps la nourriture animale qui leur est si utile et qui les dispose à pondre beaucoup et à bien couver.

LE RUCHER.

L'apiculture ou élevage des abeilles est une des sciences dont s'occupe le moins l'agriculture, et cependant quoi de plus facile et de moins coûteux que d'élever ces insectes productifs qui rapportent tous les ans de 40 à 50 0/0.

Que faut-il, en effet, pour établir un rucher? Un coin de terre, un petit jardin, un logement très peu coûteux et que l'on peut fabriquer soi-même ; quelques soins, dans les moments de loisir ; et voilà tout. Est-il une seule branche de l'agriculture qui soit plus productive et qui demande moins de travail?

Afin de profiter du produit de ces intéressants animaux, nous entretiendrons une quinzaine de ruches que nous placerons au fond du jardin près du mur, afin de les abriter du vent et du soleil. Nous les préserverons de la pluie et du froid par un épais capuchon de paille que nous renouvellerons tous les deux ans.

Nous vendrons le miel et la cire sur le marché de Meaux, où ces denrées sont assez recherchées à cause de leur petite quantité ; peu de cultivateurs se livrant à ces productions, nous espérons en retirer un certain bénéfice.

CHAPITRE VIII.

JARDIN DE LA FERME.

Le jardin de ferme est une des parties importantes de l'exploitation rurale s'il est bien tenu, le cultivateur y trouve en partie l'abondance du ménage et l'agrément de la vie rurale, et partout où l'agriculture est en honneur, le jardinage est perfectionné.

Notre jardin, d'un hectare d'étendue, sera divisé en deux afin de nous conformer à la question posée par notre professeur d'horticulture, qui est ainsi formulée.

Quel est le meilleur jardin de ferme?

1° Jardin mixte, potager et fruitier.

2° Utilisation des murs des bâtiments au point de vue de la meilleure fructification selon la hauteur des murs et leur orientation.

La première partie sera consacrée aux fruits et la seconde aux légumes.

JARDIN FRUITIER.

Nous le placerons derrière la maison d'habitation sur un sol plat, nous lui donnerons la forme d'un carré dont les angles seront dirigés chacun vers un des points cardinaux Sud, Nord, Est, Ouest, afin qu'il n'y ait d'espaliers, ni à l'exposition du Midi, généralement trop chaude, ni à celle du Nord, qui pêche par un défaut contraire.

Le sol sera sain, substantiel, profond, pourvu de calcaire et riche en humus. Nous le rendrons tel par un défoncement et un drainage naturel.

Afin que l'air et la lumière circulent librement au milieu des arbres, nous adopterons le plan suivant :

— Le long du mur d'enceinte, large plate-bande avec deux séries de cordons horizontaux disposés en gradin, savoir :

Série la plus élevée, 1 mètre de haut; distance du mur, 1 mètre 50;

Seconde série établie à 0 mètre 75 en avant de la première, 0 mètre 50 du haut.

Parallèlement à cette plate-bande, allée d'enceinte assez large pour permettre le passage des voitures chargées d'engrais.

Tout l'espace intérieur divisé, du Nord au Midi, en zones parallèles que séparent des sentiers de 1 mètre de large, au milieu de chaque zone, mur de deux à trois mètres de haut avec espalier des deux côtés; de chaque côté, deux séries de cordons disposés comme ceux qui bordent le mur d'enceinte.

Cordons horizontaux dirigés tous dans le même sens et greffés par approche les uns sur les autres.

Pour espaliers et contre-espaliers, cordons obliques avec plantations serrées; et sur les murs d'enceinte, s'ils dépassent quatre mètres de haut, cordons verticaux en forme de serpent.

Ainsi disposé, un jardin fruitier peut être en pleine production au bout de six ans, et si les engrais sont suffisants, rapporter alors en moyenne par are mille fruits de gros calibre.

Avant de planter notre jardin fruitier, nous défoncerons, par un beau temps, à 0 mètre 80 de profondeur, avec la pioche et la pelle plutôt qu'à la bêche, chacune des zones destinées à porter les arbres et nous rejetterons une partie du sous-sol sur les allées que nous aurons préalablement dépouillées de terre végétale. Tout en faisant cette opération nous mélangerons avec le sol des amendements et des engrais. Nous établirons ensuite les appuis de fer et les lignes de fil de fer galvanisé, genre de support préférable à tout autre. Puis, nous planterons nos arbres et nous couvrirons le sol de fumier pailleux.

Aux expositions chaudes, nous mettrons les raisins précoces et les raisins tardifs, la plupart des poires d'hiver, les cerises, pêches et abricots hâtifs; — aux expositions froides, les poiriers précoces, les cerisiers tardifs, les framboisiers, les groseilliers, les pommiers. Les expositions moyennes du Sud-Est et du Sud-Ouest conviennent d'ailleurs à presque tous les fruits.

Chaque année, au printemps, nous donnerons à la terre une culture peu profonde et une fumure superficielle destinée tout à la fois à nourrir les fruits et à protéger le sol contre la sécheresse.

JARDIN POTAGER.

Le jardin potager sera situé dans le prolongement du jardin fruitier : il sera dans les mêmes conditions de clôture et d'abri, uni comme une glace et parfaitement horizontal, afin de rendre l'arrosage très facile.

Le sol sera défoncé, marné et enrichi d'humus et de fumier.

Nous établirons les accessoires indispensables, tels que : 1° une fosse pour les engrais; — 2° une cabane pour serrer les outils; — 3° un hangar pour les tuteurs, les paillassons et autres objets sujets à pourrir; — 4° un lieu obscur, de température basse et à l'abri des gelées, destiné à la conservation des légumes pendant l'hiver.

L'eau étant l'âme du potager, nous disposerons tout pour

faciliter les arrosages. Dans ce but, nous établirons près du puits un réservoir consistant simplement en un tonneau à huile cerclé en fer et ouvert à sa partie supérieure, enfoncé dans le sol; puis, sur divers points du potager, d'autres bassins qui correspondront avec le premier par des tuyaux de poterie cimentés et placés sous le sol des allées.

La culture potagère la plus parfaite, la seule qui paye largement fatigue et dépense, repose sur les principes suivants :

1ᵉʳ PRINCIPE. — *Établir de nombreuses couches, tant pour obtenir certains produits spéciaux et de primeur que pour trouver dans la démolition des couches elles-mêmes les engrais les mieux appropriés aux autres cultures.*

Pour obtenir les terreaux et paillis nécessaires à un are de potager, on compte qu'il faut réunir et mettre en couche 700 kil. de bon fumier et autant de feuilles, d'herbes et autres débris végétaux.

2° PRINCIPE. — *Varier les productions et établir des assolements raisonnés, à l'instar de ce qui se fait en grande culture.*

Pour suivre ce principe nous adopterons l'assolement suivant :

1ʳ Année. — Avec le secours des paillis provenant de la démolition des couches tièdes, culture des végétaux les plus avides d'engrais : *chou, poireau, pomme de terre, laitue, romaine, céleri, épinard, artichaut, chicorée sauvage.*

2ᵉ Année. — Apport de terreau très abondant et culture des plantes qui exigent surtout beaucoup d'humus : *carotte, oignon, panais, navet, fraisier, radis, tomate, endive, scarole.*

3ᵉ Année. — Sans fumier ni terreau, mais avec application de cendres, cultures des végétaux dont le produit, manquerait souvent si le terrain était trop engraissé : tels sont les *pois, haricots, fèves, lentilles* et tous les légumes destinés à procurer des semences.

4ᵉ Année. — Couches et pépinières de jeunes plants.

Ces quatre soles seront égales. Un 5ᵉ espace sera consacré

aux *asperges*, qui, destinées à vivre 20 à 30 ans, occuperont successivement les divers carrés.

3° Principe. — *Ne jamais laisser le potager souffrir de la sécheresse.*

A cet effet, nous terreauterons, paillerons, et binerons dès que nous verrons le sol se serrer; nous arroserons surtout abondamment.

4° Principe. — *N'adopter que des variétés parfaites et des semences très pures. Enlever les mauvaises herbes.*

Dans ce but nous récolterons nous-même la plupart des graines dont nous avons besoin.

Nous enlèverons toutes les plantes nuisibles sitôt leur apparition.

Indépendamment des légumes principaux, nous mettons dans notre potager quelques pommes de terre hâtives et diverses plantes d'assaisonnement : *cerfeuil*, *persil*, *oseille*, *petite ciboule*, *ail*, *échalotte*, etc.

Enfin nous y ajoutons quelques plantes médicinales, en particulier, la *guimauve*, aux racines et aux fleurs émollientes; la *marjolaine*, la *menthe*, la *camomille romaine*, la *mélisse*, l'*absinthe*, végétaux très aromatiques. Ces plantes qui sont vivaces, se multiplient par éclats de pied. Nous y joindrons la *bourrache* pour ses fleurs sudorifiques et le *pavot blanc* pour ses capsules dont la décoction porte au sommeil.

Notre jardin créé; examinons maintenant la seconde question.

2° *Utilisation des murs des bâtiments au point de vue de la meilleure fructification selon la hauteur des murs et leur orientation.*

Les murs des bergeries exposées en plein midi, par conséquent très chauds, de plus élevés de 6 à 7 mètres, conviendront très bien à la vigne.

Pour assurer sa réussite, nous composerons au pied du mur un terrain factice, formé de sable fin, de terre normale, de calcaire, de débris de démolition, déblais de carrière et de silex, mélangés avec du vieux terreau, des cendres de bois, des bourres de laine, rognures de cornes, râpures d'os, etc. Toutes ces matières employées comme fumure lui sont très avantageuses et donnent au terrain la couloir noire la plus favorable à l'absorption de la chaleur.

Les murs des écuries étant orientés au Sud-Ouest conviendront très bien à l'abricotier qui se plaît dans toutes les basses-cours, adossé aux bâtiments, écuries, granges, étables.

Le sol étant caillouté et mélangé de calcaire, le sous-sol perméable et siliceux, nous nous contenterons de l'ameublir et d'y mettre une légère fumure.

Derrière les écuries, au Sud-Est, nous mettrons des pêchers, greffés sur amandier; le sol est léger et profond, rien de mieux, nous le marnerons et nous y ajouterons des gadoues de la cour, engrais très bon pour les arbres à noyaux.

CHAPITRE VIII.

LÉGISLATION DES SUCRES.

Nous allons étudier dans ce chapitre la législation des sucres et les avantages que présente la loi actuelle en réponse à la question de notre professeur de droit.

Quelle est l'économie de la loi de juillet 1884 sur le régime des sucres?

Quels sont les avantages de cette loi :

   1° Pour les sucreries?

   2° Pour la culture?

Déduisez les conséquences pratiques.

On sait que la législation relative à une industrie peut exercer une assez grande influence sur les progrès de cette industrie, les favoriser ou les paralyser. Si, par exemple, l'impôt frappe la matière première comme la betterave, on s'efforcera de l'améliorer peu à peu; or, cette matière étant plus riche, avec la même somme de travail, la même quantité de charbon, on en obtiendra plus de sucre, et alors son prix de revient sera moindre. C'est pour atteindre un pareil résultat que le Parlement, en France, a adopté une loi qui a été promulguée le 29 juillet 1884, et dont nous allons examiner les principales dispositions.

LÉGISLATION FRANÇAISE.

Article 1er. — L'impôt est de 50 fr. par 100 kil. de sucre raffiné.

L'article 2 dispose que les droits sur les sucres bruts ou raffinés de toute origine, employés au sucrage des vins, cidres et poirés, avant la fermentation, sont réduits à 20 fr. les 100 kil. de sucre raffiné.

On sait que le droit sur les sucres était, dans ces derniers temps de 40 fr., s'il a été porté à 50, c'est afin de parer au déficit que pourrait occasionner le nouveau mode d'assiette de l'impôt sur la betterave avec abonnement.

Article 3. — Tout fabricant de sucre indigène pourra contracter avec l'administration des contributions indirectes un abonnement en vertu duquel les quantités de sucre imposable seront prises en charge d'après le poids des betteraves mises en œuvre.

Cette prise en charge sera définitive, quels que soient les manquants ou les excédents qui pourront se produire.

Elle aura lieu aux conditions ci-après :

PROCÉDÉS de fabrication.	RENDEMENT par 100 kil. de sucre raffiné.
Diffusion ou tout autre procédé analogue......................	6 kil. de sucre raffiné.
Presses continues ou hydrauliques........................	5 kil. de sucre raffiné.

Les sucres, sirops et mélasses, obtenus dans les fabriques abonnées en excédent du rendement légal, seront assimilés au sucre libéré d'impôt.

Article 4. — A partir du 1ᵉʳ septembre 1887, les quantités de sucre imposable seront prises en charge dans toutes les fabriques d'après le poids des betteraves mises en œuvre, quel que soit le procédé d'extraction du jus.

Les rendements seront fixés comme suit par 100 kil. de betteraves :

Campagne 1887-1888, 6 k. 250 de sucre raffiné.
    —   1888-1889, 6 k. 500   —
    —   1889-1890, 6 k. 750   —
    —   1890-1891, 7 k.   —

Pendant les trois campagnes de fabrication 1884-1885, 1885-1886 et 1886-1887, il sera alloué aux fabricants non abonnés un déchet de 8 0/0 sur le montant total de leur fabrication.

Tels sont les principaux points de la loi française ; voyons ce qui se passe chez nos voisins. Comparer, c'est juger, et c'est en comparant les deux législations que nous serons à même de mieux apprécier les avantages que présente chez nous la nouvelle loi sur les sucres.

LÉGISLATION DES SUCRES A L'ÉTRANGER.

1° *En Allemagne.* — L'impôt sur les sucres y est de 22 fr. 50 par 100 kil., et comme on suppose que la betterave ne rend que 88 kil. 800 par tonne, le droit est de 20 fr. par tonne de betteraves lavées, décolletées ou non, riches ou pauvres. Mais, en Allemagne, les betteraves travaillées étant partout exceptionnellement riches, les fabriques les moins bien montées ne retirent pas moins de 98 kil. 800, soit 1 p. 0/0 ou 10 pour 1000 en plus. En cas de vente à l'étranger, le fabricant recevra plus qu'il n'a payé, c'est-à-dire les droits pour les 88 kil. 8 et en outre pour les 10 kil. en plus. Or, ces droits étant de 22 fr. 50 p. 0 0 seront de 2 fr. 25 pour 10 kilog. Dans ce cas, il y aura un bénéfice de 2 fr. 25 par 100 kil. de sucre exportés ou vendus à l'étranger. Mais si, au lieu de réaliser un boni de 10 kil., le fabricant en réalise un de 20 ou du double, son bénéfice sera aussi double ; il sera donc de 4 fr. 50. Cela explique comment les Allemands, en vue de profiter des avantages de leur législation, ont été amenés à ne produire, à n'acheter ou à ne vendre que de la betterave riche.

2° *En Belgique.* — C'est sur le jus que l'impôt est prélevé ; en Belgique, chaque fabricant est maître absolu de tirer du jus qui a acquitté l'impôt tout le sucre qu'il contient, par les meilleurs procédés.

La loi fait payer l'impôt à raison de 1,500 grammes par hectolitre et par degré du densimètre, à la température de quinze degrés centigrades.

Cet impôt est de 45 fr. par 100 kil. de sucre.

3° *En Autriche-Hongrie.* — Dans l'empire Austro-Hongrois, l'impôt est établi sur la quantité de betteraves rapées que peuvent contenir les diffuseurs ; et comme les fabricants mettent dans ces appareils plus de betteraves que la loi ne suppose : là encore une partie du sucre échappe aux droits.

L'impôt sur la matière première est, à notre avis, le mode de perception le plus rationnel, son influence est telle, que l'Allemagne, qui ne produisait en 1872 que 250 millions de kil. de sucre en a produit 925 millions en 1884 et près de 1.200.000.000 en 1885. Chez nous, au contraire, la production est restée stationnaire depuis douze ans et encore beaucoup de fabriques se sont-elles ruinées.

En Allemagne, la betterave est devenue de plus en plus riche. Elle ne donnait que 6 p. 0/0 ; elle en donne aujourd'hui près du double ou 11 p. 0/0 ; et néanmoins le rendement par hectare, qui n'était que de 22,000 kil., est aujourd'hui de plus 32,000. C'est pour atteindre un pareil résultat que les Chambres françaises se sont décidées, sur la proposition des cultivateurs et des sucriers, à adopter la loi dont nous venons de faire connaître les principales dispositions.

Ainsi, désormais, en France comme en Allemagne, l'impôt frappe non plus directement le sucre, mais la betterave. Il importe donc que nous ne fassions désormais que de la betterave très riche ; car ce n'est qu'avec de la betterave riche en sucre que le rendement industriel dépassera au moins de 2 à 5 p. 0/0 le rendement légal, qui n'est que de 5 p. 0/0 pour les presses et de 6 pour la diffusion.

Et comme le droit ou l'impôt est plus élevé en France qu'en Allemagne; qu'il est de 50 fr. par 100 kil. au lieu de 22 fr. 50, les bénéfices évalués par les excédents de rendement seront plus considérables; ils seront de plus du double.

Il faut aussi que le fabricant pousse le cultivateur à faire de bonnes betteraves, en les achetant loyalement ce qu'elles valent; d'ailleurs, s'il achète plus cher, comme il retirera plus de sucre, il y aura compensation.

Pendant longtemps, les frais de culture de la betterave et les frais occasionnés par sa fabrication ont été mal connus; les moyens employés pour fixer le prix de la betterave mal déterminés.

Dans ces conditions, les ventes et les achats de betteraves se sont faits au poids brut seulement.

Mais, avec les progrès de la culture et de l'industrie sucrière, il devait en être autrement. Déjà, avant la nouvelle loi sur les sucres, certains fabricants avaient fait de sérieux efforts pour propager la méthode de vente de la betterave à la densité, c'est-à-dire d'après sa richesse en sucre. Leur but était d'avoir de la bonne betterave; et leurs moyens, de la payer cher, c'est-à-dire ce qu'elle vaut réellement.

Ces fabricants étaient dans la bonne voie, puisqu'une bonne betterave peut donner 10 p. 0/0 de sucre comme en Allemagne, alors que celle que nous produisons actuellement en France ne donne guère que 5.

Avec de la betterave pauvre, il fallait travailler 2,000 kil. pour avoir un sac ou 100 kilog. de sucre, alors qu'avec de la betterave riche, il n'en fallait que 1,000 kilog. ou la moitié, et comme les dépenses à faire pour travailler 1,000 kilog. de betteraves, qu'elles soient riches ou pauvres, sont à peu près les mêmes, qu'il n'y a guère qu'un supplément de dépenses de 2 fr.. lorsqu'on travaille de la betterave qui donne deux fois plus de sucre, on comprend que le prix de revient du kilogramme de sucre se trouve ainsi considérablement diminué lorsque le fabricant aura de la matière première d'une grande richesse.

Aujourd'hui, que la loi ne frappe pas d'impôt plus élevé la mauvaise betterave que la riche, nous aurons tout intérêt à ne produire que de la bonne betterave. Mais comme elle produit moins, il y a lieu de se demander si le fabricant la paiera plus cher.

Là est la question délicate. Quant à nous, nous répondrons, sans aucun doute : il faut que les fabricants paient plus cher la betterave riche, qu'ils la paient proportionnellement à sa densité.

Tout d'abord, parce que le prix de revient en est sensiblement plus élevé et qu'elle produit moins; ensuite elle fournira aux fabricants des bénéfices relativement considérables dont il est juste de faire profiter le cultivateur.

Il n'y a plus aujourd'hui de discussion possible : ce n'est qu'en travaillant de la betterave exceptionnellement riche que notre grande industrie du sucre redeviendra prospère.

C'est à cette condition qu'elle pourra profiter sérieusement des avantages de la loi sage et libérale que le Parlement vient de voter.

Quant à la culture, dont les frais de main-d'œuvre surtout augmentent de jour en jour, il faut qu'elle obtienne des produits d'une valeur considérable.

Il faut aujourd'hui que l'entente se fasse entre la sucrerie et la culture, car leurs intérêts sont solidaires.

C'est, en effet, par l'emploi d'une mauvaise betterave que la première se ruine; et ce n'est que par la production d'une betterave riche, vendue cher, que la seconde pourra se relever.

Car la sucrerie, devenant prospère, n'hésitera pas longtemps, — la concurrence et ses intérêts bien compris aidant, — à offrir à la culture des prix élevés, afin d'en obtenir sûrement une matière première de bonne qualité.

TROISIÈME PARTIE.

COMPTABILITÉ.

Un homme qui tient des comptes réguliers
ne peut se ruiner.

(Proverbe Hollandais.)

Au moyen de ses écritures, un industriel sait ce que rapportent les divers articles de sa fabrication; un négociant sait de même ce qu'il gagne sur chaque marchandise. Le cultivateur est beaucoup moins éclairé sur ce point; pour ne pas marcher dans les voies tortueuses d'une inconnue qui peut avoir de grands dangers, comme eux, nous tiendrons un compte exact de tout ce qui se fera dans notre ferme jour par jour. Voici les livres ou simples tableaux dont l'emploi nous paraît utile. Leur nombre pourra paraître exagéré; mais nous croyons qu'il n'est pas plus difficile d'inscrire des articles sur des registres séparés que sur un seul. De plus nous aurons ainsi l'avantage de savoir à chaque instant l'état de chaque branche de notre exploitation.

1° *Livre de caisse*. — Sur ce livre nous inscrirons à la page de gauche les recettes avec leur date, à celle de droite les dépenses, en indiquant l'origine des premières et l'objet des secondes. À la fin de chaque semaine nous additionnerons les unes et les autres; puis nous nous assurerons en comptant notre argent, qu'aucun article n'a été omis.

2° *Livre de magasin*. — Chaque magasin aura sur ce registre son compte divisé en deux colonnes. On inscrira à celle de gauche les produits emmagasinés et leur origine, à celle de droite, ce qui sort du magasin et l'emploi qui en est fait.

3° *Livre des récoltes.* — Ici, chaque pièce de terre portera un numéro et occupera une page où l'on inscrira le produit de la pièce, en gerbes, kilos de fourrage sec ou de légumes verts, etc. Les fourrages verts et les pâturages seront notés avec indication de leur valeur comparée à celle du foin.

4° *Livre de la consommation et du produit des animaux.* — Chaque espèce de bétail aura un registre spécial, dont les pages seront divisées par autant de lignes verticales qu'il existe d'objets de nature différente, produits et consommés. Le fumier sera compté par brouettes, le lait par litres, le travail par heures. Ce dernier article peut être omis ici, puisqu'il se trouve au registre des travaux.

5° *Livre des travaux.* — Les pages de ce registre présenteront, pour chaque genre de travailleurs, bœufs, chevaux, domestiques, ouvriers payés à différents prix, une colonne verticale où l'on inscrira leurs heures de travail. Dans une colonne plus étendue, on spécifiera la nature de l'ouvrage et le numéro de la pièce de terre à laquelle le travail aura été appliqué.

6° *Livre des comptes d'employés.* — Sur ce livre chaque employé aura son compte, en tête duquel seront marquées les conventions passées avec lui. Au-dessous, il y aura deux colonnes. Dans l'une, seront inscrits les jours de travail ou les ouvrages faits à la tâche; sur l'autre on marquera les paiements.

7° *Livres du charron, du maréchal, du bourrelier.* — Sur ces registres qui seront d'un très petit format on inscrira toutes les réparations concernant les voitures, les ferrures et les harnais.

8° *Livre du battage des grains.* — Chaque espèce de gerbes aura sa page divisée en deux colonnes. Dans celle de gauche, on inscrira le nombre de gerbes avec leur provenance; dans celle de droite, les quantités de paille et de grain produites par chaque battage.

9° *Livre de laiterie.* — Ce registre sera divisé en deux colonnes. A celle de gauche, on marquera le lait qui entre à la laiterie; à celle de droite, la quantité de beurre, de fromage et de résidus obtenus et l'emploi de chacun de ces produits.

10° *Livre de ménage.* — Dans ce livre nous inscrirons tout ce qui sera consommé par notre ménage.

11° *Livre des engrais.* — Ici, chaque engrais aura son compte. Dans la colonne de gauche, on marquera les achats et les confections de substances fertilisantes; dans la colonne de droite, l'application de ces substances aux pièces de terre.

12° *Livre des débiteurs et des créditeurs.* — Sur l'un de ces registres, chaque débiteur de l'exploitation aura son compte divisé en deux colonnes. A celle de gauche, on inscrira la dette; à celle de droite, le remboursement. Sur le registre des créditeurs on ouvrira de même à chaque créancier un compte à deux colonnes. La créance sera inscrite à celle de droite, et le paiement à l'autre.

Tous ces livres ou registres dont le format sera très élémentaire seront résumés par comptes séparés sur un registre principal, appelé *grand livre*. Ayant ainsi un compte exact de toutes nos opérations, il nous sera facile de nous arrêter à temps si nous nous apercevons d'un léger déficit sur tel ou tel compte.

Il nous reste une partie importante de notre travail. C'est de supputer les résultats financiers de chacune de nos entreprises; pour cela, nous allons établir des comptes de chaque culture et de chaque espèce animale.

Première Sole. — BETTERAVES (20 hectares).

DÉBIT.	F.	C.	CRÉDIT.	F.	C.
Impôts, 10 fr. l'hectare	200	»	35,000 × 15 = 525,000 kilog. de betteraves sucrières à 20 fr. les 1,000 kilog. . . .	10,500	»
Location, 80 fr. l'hectare	1,600	»	35,000 × 5 = 175,000 kilog. de betteraves fourragères à 15 fr. les 1,000 kilog. . . .	2,725	»
Fumier : 350 quintaux de betteraves absorbent 350 × 65 = 22,750 kilog. à 10 fr., soit 2,275 × 20 = ...	4,550	»	10,000 kilog. de feuilles par hectare, rendues à la terre, et équivalent à 1/2 de fumure ou 7,500 kilog. de fumier (*Girardin*), 75 × 20.	1,500	»
Deux labours à 30 fr. = 60 × 20 = ...	1,200	»			
Hersages et roulages à 20 francs	400	»			
Semis et graines : 20 kilog. à l'hectare, à 2 fr. 50, soit 400 × 2 fr. 50 = ...	1,000	»	Total.	14,725	»
Binages et sarclages, 80 fr. l'hectare	1,600	»	**Balance :**		
Arrachage, transport et emmagasinage, 45 f. l'hectare	900	»	Total du produit.	14,725	»
Frais généraux, 30 fr. l'hectare.	600	»	Total des dépenses.	12,710	»
Intérêt à 5 0/0 des capitaux avancés.	660	»	*Différence.*	2,015	»
Total.	12,710	»	Bénéfice net, 2,015 fr. Soit, par hectare, 2,015 : 20 = 100 fr. 75.		

Première Sole. — **POMMES DE TERRE** (5 hectares).

DÉBIT.	F.	C.
Location , 80 fr. l'hectare	400	»
Impôts , 10 fr. l'hectare	50	»
Fumier : 30,000 kilog. à l'hectare , soit 150,000 kilog., dont 2/3 d'absorbés, ou 100,000 kilog. à 10 fr. les 1,000 kilog. tout compris	1.000	»
Deux labours à 25 fr. ou 50 × 5 = ...	250	»
Semence : 25 hectol. à l'hect. ou 25 × 5 = 125 à 5 fr. l'hectol.	625	»
Frais de plantation , 10 fr. l'hectare.	50	»
Hersages , 6 fr. l'hectare.	30	»
Binage à la houe à cheval, 5 fr. l'hectol. . .	25	»
Buttage , 10 fr. l'hectare.	50	»
Arrachage, transport et emmagasinage , à 60 fr. l'hectare.	300	»
Frais généraux, 25 fr. l'hectare.	125	»
Intérêt à 5 0/0 des capitaux avancés.	150	»
TOTAL.	3,055	»

CRÉDIT.	F.	C.
20,000 kilog. de pommes de terre à l'hectare à 3 fr. 50 les 100 kilog.	3,500	»
Balance :		
Total du produit.	3,500	»
Total des dépenses	3,055	»
Différence.	445	»

Bénéfice net, 445 fr.

Soit, par hectare, 445 : 5 = 89 fr.

Deuxième Sole. — AVOINE (15 hectares 1/2).

DÉBIT.	F.	C.	CRÉDIT.	F.	C.
Location, 80 fr. l'hectare	1,240	»	35 hectol. à l'hectare, soit : 542 hectol. 50 à		
Impôts, 1/10	124	»	10 fr. l'hectol.	5,425	»
Fumier absorbé, 11,000 kilog. à l'hectare,			49,600 kilog. de paille, à 40 fr. les 1,000 kil.	1,984	»
soit 170,500 kilog. à 10 fr. les 1,000 kil.	1,720	»			
Semence, 3 hectol. 50 à l'hectare, soit			TOTAL.	7,409	»
54 hectol. 25, à 10 fr. l'hectol	542	50			
Frais de semence au semoir, 5 fr. l'hectol.	77	50			
Un labour, à 25 fr.	387	50	**Balance :**		
Trois hersages, à 3 fr.	137	50	Total du produit.	7,409	»
Un roulage, à 2 fr.	31	»	Total des dépenses	5,866	05
Echardonnage, à 3 fr.	46	50			
Moisson, 30 fr. l'hectare	465	»	*Différence.*	1,542	95
Transport, 3 fr. l'hectare	46	50			
Battage et nettoyage des grains au manège,					
30 fr. le 1,000 sur 12,400 gerbes. . . .	372	»	Bénéfice net, 1,542 fr. 95.		
Frais imprévus.	»	»			
Intérêt des capitaux avancés.	303	55	Soit, par hectare, $\dfrac{1,542\ 95}{15\ 5} = 99$ fr. 54		
TOTAL.	5,866	05			

Deuxième et quatrième Sole. — ORGE (3 hectares 1/2).

DÉBIT.	F.	C.	CRÉDIT.	F.	C.
Location, à 80 fr. l'hectare	280	»	28 hectol. de grains à l'hectare, soit 98 hect.,		
Impôt, 1/10.	28	»	à 13 fr. l'hectol.	1,274	»
Fumier absorbé, 1,200 kilog. à l'hectare, soit 42,000 kilog. à 10 fr. les 100 kilog. tout compris	420	»	Paille, 10,682 kilog., à 35 fr. les 1,000 kil.	373	87
Un déchaumage, 10 fr. l'hectare	35	»	Total.	1,647	87
Un labour, à 25 fr.	87	50			
Semence, 2 hectol. 50 à l'hectare, soit 8 hectol. 75 à 15 fr. l'hectol.	131	25	**Balance :**		
Frais de semence, 5 fr. par hectare.	17	50			
Trois hersages, à 3 fr. l'un	31	50	Total du produit.	1,647	87
Un roulage, à 2 fr.	7	»	Total des dépenses	1,442	21
Echardonnage, à 3 fr.	10	50			
Moisson, tout compris.	122	50			
Transport, 3 fr. par hectare.	10	50	*Différence.*	205	66
Battage, nettoyage des grains, avec machine à chevaux, à 30 0/00 sur 700 bottes à l'hectare, soit 2,450 gerbes. . .	73	50	Bénéfice net, 205 fr. 66		
Frais imprévus.	82	50	Soit, par hectare, $\dfrac{205\ 66}{3\ 50} = 58$ fr. 75		
Intérêt des capitaux avancés.	69	96			
Total.	1,442	21			

Deuxième et quatrième Sole. — **BLÉ** (27 hectares).

DÉBIT.	F.	C.	CRÉDIT.	F.	C.
Location, 80 fr. l'hectare	2,160	»	20 hectol. à l'hectare, à 17 fr. l'hectol., soit 540 hectol. × 17 = ...	9,180	»
Impôt, 1/10.	216	»			
Fumier absorbé, 13,000 kilog. à l'hectare, soit 351,000 kilog., à 10 fr. les 1,000 k.	3,510	»	5,800 kilogr. de paille à l'hectare, soit 5,800 × 27 = 156,600 kilog., à 35 fr. les 1,000 kilog.	5,481	»
Un déchaumage sur 7 hectares	70	»			
Un labour, à 25 fr.	675	»			
Semence, 2 hectol. 25 à l'hectare, soit 60 hectol. 75, à 25 fr. l'hectol.	1,518	75			
Frais de semence au semoir, 5 fr. l'hectare.	135	»	TOTAL.	14,661	»
Trois hersages, à 3 fr. l'un.	243	»			
Un hersage au printemps.	81	»			
150 kilog. de sulfate d'ammoniaque à l'hectare, sur 20 hectares, à 40 fr. les 100 k.	1,200	»	**Balance :**		
Un roulage, à 2 fr.	54	»	Total du produit.	14,661	»
Echardonnage, à 3 fr. l'hectare.	81	»	Total des dépenses.	13,877	75
Moisson à la machine, 20 fr. l'hectare. . . .	540	»			
Liage, mise en tas, 10 fr. l'hectare.	270	»			
Transport, 5 fr. l'hectare.	135	»	*Différence.*	783	25
Battage et nettoyage des grains, à 38 fr. les 1,000 kilog., sur 28,000 bottes.	1,064	»			
Frais imprévus, 45 fr. par hectare.	1,215	»	Bénéfice net, 783 fr. 25		
Intérêt des capitaux avancés.	710	»	Soit, par hectare, 29 fr.		
TOTAL.	13,877	75			

Troisième Sole. — TRÈFLE INCARNAT (8 hectares).

DÉBIT.	F.	C.	CRÉDIT.	F.	C.
Location, 80 fr. l'hectare.	640	»	Fourrage vert, équivalant à 30,000 kilog. de		
Impôt, 1/10.	64	»	foin, à 80 fr. les 1,000 kilog.	2,400	»
Fumier absorbé, 5,000 kilog. à l'hectare,					
soit 40,000 kilog., à 10 fr. les 1,000 kil.	400	»	**Balance :**		
Un déchaumage, à 15 fr. l'hectare	120	»	Total du produit.	2,400	»
Semence, 12 kilog. à l'hectare × 8 — 96, à			Total des dépenses	2,024	80
1 fr. 50 le kilog	144	»			
Frais de semence, 5 fr. l'hectare	40	»	*Différence.*	375	20
Deux hersages, à 3 fr.	48	»			
Un roulage, à 2 fr.	16	»			
Fauchage en vert et transport à l'étable,			Bénéfice net, 375 fr. 20		
30 fr. par hectare.	240	»	Soit, par hectare, 375 fr. 20 : 8 = 46 fr. 90		
Frais divers imprévus, 25 fr. l'hectare. . . .	200	»			
Intérêt des capitaux avancés, 5 0/0.	112	80			
TOTAL.	2,024	80			

Troisième Sole. — **SAINFOIN** (12 hectares).

DÉBIT.	F.	C.	CRÉDIT.	F.	C.
Location, à 80 fr. l'hectare.	960	»	68,300 kilog. de foin, à 70 fr. les 1,000 kil.	4,780	»
Impôt, 1/10.	96	»			
Fumier absorbé, 48,000 kilog., à 10 fr. . .	480	»	**Balance :**		
Labour, 25 fr. par hectare.	300	»			
Hersage, à 3 fr.	36	»	Total du produit.	4,780	»
Semence, 4 hectol. 50 à l'hectare, soit 54 hectol., à 17 fr. l'hectol.	918	»	Total des dépenses	3,878	50
Frais de semence, 5 fr. l'hectare	60	»			
Hersage, 3 fr. par hectare.	36	»	*Différence.*	901	50
Roulage, 2 fr. par hectare.	24	»			
Chaulage et plâtrage, 5 fr. l'hectare. . . .	60	»			
Epandage des taupinières.	36	»			
Fauchage à la machine et amortissement . .	120	»	Bénéfice net, 901 fr. 50		
Fanage et mise en meule	180	»	Soit, par hectare, 901,50 : 12 = 75 fr. 10		
Bottelage, à 1 fr. 50 les 1,000 bottes, pour 10,800 bottes.	162	»			
Transport et emmagasinage.	120	»			
Frais imprévus.	140	»			
Intérêt des capitaux avancés.	150	50			
TOTAL.	3,878	50			

Troisième Sole. — VESCE (5 hectares).

DÉBIT.	F.	C.	CRÉDIT.	F.	C.
Location, 80 fr. l'hectare	400	»	2 hectares 1/2 fauchés donnent 10,000 kilog. de fourrage équivalant au foin de meilleure qualité pour les chevaux, à 50 fr. les 500 kilog. ou 25,000 × 100.	2,500	»
Impôt, 1/10.	40	»			
Fumier absorbé, 150,000 kilog., à 10 fr. les 1,000 kilog.	1,500	»			
Labour, 25 fr. l'hectare.	125	»	2 hectares 1/2 récoltés en graines donnent 15 hectolitres de graines à l'hectare, 2 1/2 × 15 = 37 hectol. (l'hectol. pèse 82 kilog.), donc 37 × 82 = 3,034 kilog., à 20 fr. les 100 kilog.	606	80
Hersage, à 3 fr.	15	»			
Semence, 500 litres ou 400 kilog., à 25 fr. les 100 kilog.	100	»			
Frais de semence, 5 fr. l'hectare	25	»			
Hersage, à 3 fr. l'hectare.	15	»	Paille-fourrage provenant de ce battage, 8,000 kilog., à 50 fr. les 1,000 kilog. .	400	»
Roulage, à 2 fr. l'hectare.	10	»			
Épandage des taupinières, à 3 fr.	15	»	TOTAL.	3,506	80
Fauchage à la machine et amortissement, 10 fr. l'hectare	50	»	**Balance :**		
Fanage et mise en meule, 20 fr.	100	»			
Bottelage, 20 fr. l'hectare.	100	»	Total du produit.	3,506	80
Transport et emmagasinage.	60	»	Total des dépenses	2,819	»
Battage, 6,000 bottes = 72 hectol., à 0 f. 75 =	54	»			
Frais imprévus, 25 fr.	125	»	*Différence.*	687	80
Intérêt des capitaux avancés.	85	»			
TOTAL.	2,819	»	Bénéfice net, 687 fr. 80 Soit, par hectare, 687,80 : 5 = 137 fr. 50		

Quatrième Sole. — SEIGLE (4 hectares).

DÉBIT.	F.	C.	CRÉDIT.	F.	C.
Location, 80 fr. par hectare.	320	»	80 hectol., à 15 fr. l'hectol.	1,200	»
Impôt, 1/10.	32	»	17,200 kilog. de paille, à 50 fr. les 1,000 kil.	860	»
Fumier absorbé, 14,000 kilog. à l'hectare, soit 56,000 kilog., à 10 fr. les 1,000 kil. tout compris.	560	»	TOTAL.	2,060	»
Un déchaumage, à 10 fr.	40	»			
Un labour, à 25 fr.	100	»	**Balance :**		
Semence, 10 hectol., à 17 fr.	170	»			
Frais de semence, 5 fr. l'hectare	20	»	Total du produit.	2,060	»
Trois hersages, à 3 fr. l'un.	36	»	Total des dépenses.	1,865	»
Un roulage au printemps, à 2 fr.	8	»			
Echardonnage, 3 fr. par hectare.	12	»			
Moisson à la machine, 20 fr. l'hectare. . . .	80	»	*Différence.*	195	»
Liage, mise en tas, 12 fr. l'hectare	48	»			
Transport, 5 fr. par hectare.	20	»			
Battage, nettoyage des grains, un homme pour 50 bottes par jour, à 4 fr., sur 800 gerbes à l'hectare, soit 3,200 gerbes . .	256	»	Bénéfice net, 195 fr.		
Frais imprévus, 20 fr. l'hectare.	80	»	Soit, par hectare, 195 : 4 = 48 fr. 75		
Intérêt des capitaux avancés	83	»			
TOTAL.	1,865	»			

Hors rotation. — LUZERNE (20 hectares).

DÉBIT.	F.	C.	CRÉDIT.	F.	C.
Location, 80 fr. l'hectare.	1,600	»	6,000 kilog. à l'hectare, soit, 120,000 kilog. de luzerne, à 60 fr. les 1,000 kilog.	7,200	»
Impôt, 1/10.	160	»			
Fumier absorbé, 85,000 kilog., à 10 fr. les 1,000 kilog.	850	»	**Balance :**		
Labour, 25 fr. par hectare.	500	»			
Hersage, 3 fr. par hectare.	60	»	Total du produit.	7,200	»
Semence, 20 kilog. à l'hectare, soit, 400 kil., à 2 fr. le kilog.	800	»	Total des dépenses.	6,100	»
Frais de semence, 3 fr. l'hectare.	60	»			
Hersage, 3 fr. l'hectare.	60	»	*Différence.*	1,100	»
Roulage, 2 fr. l'hectare.	40	»			
Chaulage et plâtrage, 5 fr. l'hectare.	100	»			
Epandage des taupinières.	60	»			
Fauchage à la machine et amortissement.	300	»	Bénéfice net, 1,100 fr.		
Fanage et mise en meule	310	»	Soit, par hectare, 55 fr.		
Bottelage	320	»			
Transport et emmagasinage.	300	»			
Frais imprévus	300	»			
Intérêt des capitaux avancés.	280	»			
Total.	6,100	»			

COMPTE DU JARDIN POTAGER ET FRUITIER (1 hectare).

DÉBIT.	F.	C.	CRÉDIT.	F.	C.
Location, 80 fr. l'hectare.	80	»	Pommes de terre, 30 hectol., à 8 fr.	240	»
			Choux, 2,000 pommes, à 0 fr. 10.	200	»
Impôt, 1/10.	8	»	Carottes, poireaux.	85	»
			250 bottes d'asperges, à 1 fr. 20	300	»
Fumier, 90,000 kilog., à 10 fr. les 1,000 kil.	900	»	2,000 têtes d'artichaut, à 0 fr. 05.	100	»
			Salades, 700 pommes, à 0 fr. 03.	21	»
Culture, entretien, taille	1,000	»	15 hectol. de haricots, à 30 fr.	450	»
			Pois, fèves, radis.	245	»
Achats de graines.	40	»	Produits divers	116	50
			3,000 pommes, à 0 fr. 05.	150	»
Amortissement du matériel.	85	»	4,500 poires, à 0 fr. 20.	900	»
			450 pêches, à 0 fr. 25.	112	50
Engrais, composts.	500	»	Abricots, prunes, cerises, etc.	355	»
			Fraises.	80	»
Frais de création, amortissement.	450	»			
			Total.	3,355	
Frais imprévus.	50	»	**Balance :**		
			Produit.	3,355	»
Intérêt à 5 0/0 des capitaux avancés	238	70	Dépenses.	3,351	70
Total.	3,351	70	Bénéfice net.	3	30

RÉCAPITULATION DES COMPTES DE CULTURE.

DÉBIT.	F.	C.	CRÉDIT.	F.	C.
Betteraves.	12,710	»	Betteraves.	14,725	»
Pommes de terre.	3,055	»	Pommes de terre.	3,500	»
Avoine.	5,866	05	Avoine.	7,409	»
Orge.	1,442	21	Orge.	1,647	87
Blé.	13,877	75	Blé.	14,661	»
Trèfle incarnat.	2,024	80	Trèfle incarnat.	2,400	»
Sainfoin.	3,878	50	Sainfoin.	4,780	»
Vesce.	2,819	»	Vesce.	3,506	80
Seigle.	1,865	»	Seigle.	2,060	»
Luzerne	6,100	»	Luzerne.	7,200	»
Jardin.	3,351	70	Jardin.	3,355	»
			TOTAL.	65,235	67
			Balance :		
			Total du produit.	65,235	67
			Total des dépenses.	57,985	01
			Bénéfice net.	8,250	66
TOTAL.	57,985	01	Soit, en moyenne, 68 fr. 75 par hectare.		

COMPTE DE L'ÉCURIE (6 chevaux).

DÉBIT.	F.	C.	CRÉDIT.	F.	C.
NOURRITURE. Foin, 48 kilog. par jour, pour 365 jours, 17,520 kilog., à 70 fr. les 100 kilog.	1,226	40	Nous admettons que chaque **cheval nous** donnera 120 fr. de fumier par an, soit, $120 \times 6 =$	720	»
Paille, 30 kilog. par jour, pour 365 jours, 10,950 kilog., à 40 fr. les 1,000 kil.	438	»			
Avoine, 24 litres par jour, pour 365 jours, 87 hectol. 60, à 10 fr. l'hectol. . .	876	»	**Balance** :		
Son, recoupe, divers, etc.	450	»	Total des dépenses.	7,450	40
Amortissement du prix d'achat des chevaux, 6,000 fr. répartis sur huit années. . . .	750	»	Total du produit.	720	»
Harnais, entretien et amortissement	700	»	*Différence*.	6,730	40
Vétérinaire, risques, ferrure	210	»			
Entretien et intérêt du matériel	600	»	Soit une dépense de 6,730 fr. 40		
Deux charretiers Gages	1,200	»	et par cheval; 6,730 fr. 40 : 6 = 1,121 fr. 73		
Nourriture.	1,000	»	En admettant 280 jours de travaux, la journée de travail revient à $\dfrac{1,121,73}{280} = 4$ f.		
TOTAL.	7,450	40	pour 1 cheval, ou de 24 fr. pour les six.		

COMPTE DE BOUVERIE (8 bœufs).

DÉBIT.	F.	C.	CRÉDIT.	F.	C.
La nourriture, se composant suivant les saisons, de pailles, avoine, son, fourrages verts, racines, pulpes, tourteaux et autres résidus, reviendra environ à 1 fr. 49 par jour et par tête, soit, pour 365 jours, 365 × 1,49 = 543 fr. 85, et pour huit bœufs, 543,85 × 8 = ...	4,350	80	Vente à la fin de l'année des huit bœufs, qui ont travaillé modérément, et ont été ensuite engraissés, 600 × 8 =.	4,800	»
Achat de huit bœufs à 500 fr. l'un et intérêt de cette somme à 5 0/0 pendant un an.	4,200	»	**Balance :**		
Vétérinaire, risques, ferrure.	160	»	Total des dépenses.	10,090	80
Entretien et intérêt du matériel.	400	»	Total du produit.	4,800	»
Un bouvier { Gages.	480	»	*Différence.*	5,290	80
Un bouvier { Nourriture	500	»	Dépense, 5,290 fr. 80, et par bœuf 5,290 : 8 = 661 fr. 35		
Total.	10,090	80	En admettant 245 jours de travail, la journée d'un bœuf revient à 661,35 : 245 = 2 f. 70		

RÉSUMÉ DU COMPTE DES ANIMAUX DE TRAVAIL.

DÉBIT.	F.	C.	CRÉDIT.	F.	C.
Chevaux.	7,450	40	Chevaux.	720	»
Bœufs.	10,090	80	Bœufs.	4,800	»
Total.	17,541	20	Total.	5,520	»
			Balance :		
			Total des dépenses.	17,541	20
			Total des recettes	5,520	»
			Différence.	12,021	20

Nota. — Cette somme de 12,021 fr. 20 étant répétée sur tous les travaux que nécessitent les cultures de l'assolement, ne doit pas entrer au bilan ; ce n'est simplement qu'à titre de renseignement que nous l'avons calculée afin de connaître le prix de revient total du travail.

COMPTE DE LA VACHERIE (18 têtes).

DÉBIT.	F.	C.	CRÉDIT.	F.	C.
Foin, 15 kilog. ou équivalent en racines, résidus, etc., par jour et par tête ; pour 300 jours de nourriture à l'étable et pour 18 bêtes, 81,000 kilog. à 70 fr. les 1,000 kilog.	5,670	»	12 vaches donnant 8 litres de lait par jour, et cela pendant 280 jours, $12 \times 8 \times 280 = 25,280$ litres, vendus 0 fr. 15 aux fabricants de fromages du pays.	3,792	»
Fourrages verts : trèfle, vesce, etc.	150	»	Vendu 7 vaches, à 600 fr. pièce.	4,200	»
Intérêt du prix d'achat, 5 0/0.	360	»	Vendu 8 veaux, à 35 fr. pièce.	280	»
Vétérinaire, médicaments.	87	50	25 saillies, à 1 fr. 50.	37	50
Achat de trois génisses, 300 fr. l'une.	900	»	Fumier, 10,000 kil. par vache, soit 120,000 k. à 8 fr.	960	»
Amortissement du matériel servant à la vacherie.	50	»	TOTAL.	9,269	50
Frais divers.	25	»	**Balance :**		
Un vacher { Gages.	600	»	Total du produit.	9,269	50
Un vacher { Nourriture.	500	»	Total des dépenses.	9,167	50
Amortissement des instruments de laiterie (boîtes, caisses, etc.).	25	»	*Différence.*	102	»
Pailles pour consommation et litière 20,000 k.	800	»	Bénéfice net, 102 fr. Soit, par vache, 5 fr. 65		
TOTAL.	9,167	50	**Nota.** — Nous avons indiqué au chapitre vacherie les motifs de ce petit résultat.		

COMPTE DE LA PORCHERIE (6 truies et 1 verrat).

DÉBIT.	F.	C.	CRÈDIT.	F.	C.
NOURRITURE. { 20,000 kilog. de pommes de terre à 5 fr. les 100 kilog.	1,000	»	Vente de 50 porcelets, à 30 fr. pièce	1,500	»
Son, remoulage.	400	»	Vente de 5 animaux gras, à 190 fr. pièce.	950	»
Betteraves.	300	»	Vente de 3 animaux reproducteurs, à 100 fr. pièce.	300	»
Laitage	200	»	Fumier et purin évalué approximativement.	200	»
Débris divers	150	»	TOTAL.	2,950	»
Grains.	250	»	**Balance :**		
Amortissement du matériel	20	»	Total du produit.	2,950	»
Intérêt du prix d'achat.	40	»	Total des dépenses.	2,560	»
Frais généraux.	200	»	*Différence.*	390	»
TOTAL.	2,560	»	Bénéfice net, 390 fr.		

COMPTE DE LA BASSE-COUR.

DÉBIT.	F.	C.	CRÉDIT.	F.	C.
60 hectol. de petit grain, criblures, à 10 fr. l'hectol.	600	»	225 poulets, à 2 fr.	450	»
Pommes de terre cuites.	150	»	60 canards, à 2 fr. 50.	150	»
Maïs et son	75	»	15 oies, à 7 fr.	105	»
Soins divers.	22	50	OEufs	300	»
Foin et herbe pour les lapins	225	»	75 lapereaux, à 2 fr.	150	»
Total.	1,072	50	Total.	1,155	»

Balance :

	F.	C.
Total du produit.	1,155	»
Total des dépenses.	1,072	»
Différence.	82	50

Bénéfice net, 82 fr. 50.

COMPTE DU RUCHER.

DÉBIT.	F.	C.	CRÉDIT.	F.	C.
15 ruches à calotte (amortissement et en-tretien)	30	»	150 kilog. de miel, à 2 fr. le kilog.	300	»
Amortissement pour la construction des ru-ches.	15	»	30 kilog. de cire, à 2 fr. le kilog.	60	»
Instruments, pour la fabrication du miel et de la cire (amortissement et entretien).	18	»	2 essaims, à 8 fr.	16	»
Dépenses imprévues.	30	»	TOTAL.	376	»
Soins à donner aux abeilles, etc.	100	»	**Balance :**		
Amortissement du prix d'achat des essaims.	18	»	Total du produit.	376	»
			Total des dépenses.	211	»
TOTAL.	211	»			
			Différence.	165	»

Bénéfice net, 165 fr.

RÉCAPITULATION DU COMPTE DES ANIMAUX DE RENTE.

DÉBIT.	F.	C.	CRÉDIT.	F.	C.
Vacherie.	9,167	50	Vacherie.	9,269	50
Porcherie	2,560	»	Porcherie	2,950	»
Basse-cour.	1,072	50	Basse-cour.	1,155	»
Rucher.	211	»	Rucher.	376	»
Total.	13,011	»	Total.	13,750	50

Balance :

	F.	C.
Total du produit.	13,750	50
Total des dépenses.	13,011	»
Différence.	739	50

Bénéfice net, 739 fr. 50

BILAN.

DÉBIT.	F.	C.	CRÉDIT.	F.	C.
Comptes des cultures	57,985	01	Comptes des cultures	65,235	67
Comptes des animaux.	13,011	»	Comptes des animaux.	13,750	50
Total.	70,996	01	Total.	78,986	17
			Balance :		
			Total du produit.	78,986	17
			Total des dépenses.	70,996	01
			Différence.	7,990	16

Bénéfice net, 7,990 fr. 16

Soit en moyenne 65 fr. par hectare.

CONCLUSION.

Comme on l'a vu, dans notre comptabilité nous avons inscrit au débit de nos cultures, des maximums de dépenses et au crédit des minimums de récolte et de prix de vente, de sorte que notre bénéfice est bien faible pour une exploitation de 120 hectares. Mais nous ne croyons pas avoir dans la pratique un revenu plus élevé pour les premières années, surtout si nous tenons compte de notre inexpérience et des difficultés actuelles. Aussi, serons-nous content, si nous pouvons, dès notre entrée en ferme, joindre seulement les deux bouts. Qui va lentement, va sûrement. Cette maxime est vraie surtout en agriculture. Nous avancerons donc prudemment dans la voie du progrès, heureux si la fin justifie nos moyens.

Nous ne voulons pas terminer ce travail sans remercier tous nos professeurs qui ont bien voulu nous prêter leur bienveillant concours, tant par leurs lumineuses leçons que par leurs conseils éclairés et pratiques.

Il ne nous reste plus qu'à implorer encore l'indulgence de MM. les membres du jury et à nous en remettre à la Providence divine.

TABLE DES MATIÈRES.

LIBRAIRIE L. LAROSE ET FORCEL

22, RUE SOUFFLOT, PARIS

OUVRAGES DE DROIT

SCIENCES, ARTS, LITTÉRATURE, ETC.

NEUFS ET D'OCCASION